U0206115

酸雨入渗下膨胀土性能劣化机理及对边坡稳定性影响研究书系

国家自然科学青年基金项目（52107166）资助

长沙市杰出创新青年培养计划项目（kq2306022）资助

公路工程自然灾害风险普查大数据智慧应用湖南省重点实验室资助

酸雨入渗下膨胀土性能劣化机理及 对边坡稳定性影响研究

常 锦 肖 杰 李盛南／著

西南交通大学出版社

·成 都·

图书在版编目（CIP）数据

酸雨入渗下膨胀土性能劣化机理及对边坡稳定性影响
研究 / 常锦，肖杰，李盛南著. -- 成都 ：西南交通大
学出版社，2024.3

ISBN 978-7-5643-9762-3

Ⅰ. ①酸… Ⅱ. ①常… ②肖… ③李… Ⅲ. ①酸雨 –
影响 – 膨胀土 – 边坡稳定性 – 研究 Ⅳ. ①TU475

中国国家版本馆 CIP 数据核字（2024）第 050709 号

Suanyu Rushen Xia Pengzhangtu Xingneng Liehua Jili ji dui Bianpo Wendingxing Yingxiang Yanjiu

酸雨入渗下膨胀土性能劣化机理及对边坡稳定性影响研究

常 锦 肖 杰 李盛南 / 著

责任编辑 / 姜锡伟
封面设计 / 墨创文化

西南交通大学出版社出版发行

（四川省成都市金牛区二环路北一段 111 号西南交通大学创新大厦 21 楼　610031）

发行部电话：028-87600564　　028-87600533

网址：http://www.xnjdcbs.com

印刷：成都勤德印务有限公司

成品尺寸　185 mm×240 mm

印张　12.5　字数　229 千

版次　2024 年 3 月第 1 版　　印次　2024 年 3 月第 1 次

书号　ISBN 978-7-5643-9762-3

定价　68.00 元

广西百色既广泛分布膨胀土，也是酸雨重灾区。近 30 年来，此地大量兴建的公路、铁路，备受膨胀土地质灾害困扰，在大气干湿循环作用下路堑边坡常在雨季或雨后发生浅层塌滑。旱季边坡浅表层失水开裂，为酸雨入渗提供了便捷通道，深层土渗透性差滞留雨水，故浅层土长期处于酸性环境中，其性质进一步劣化，浅层破坏加剧。酸雨对膨胀土物理力学性质的影响不容小视，然而以往研究膨胀土工程问题时对此少有关注，已有的相关试验从未考虑过干湿循环与酸雨的共同作用，更不用说研究二者叠加对土性劣化及边坡稳定性的影响。为此，本书以百色膨胀土为对象，从调研该区酸雨状况及影响表层膨胀土深度入手，计及酸雨与干湿循环共同作用，系统开展百色土的胀缩、强度及裂隙特性试验研究；采用微、细观分析手段，探究其结构与矿物成分演变规律；模拟酸雨入渗开展水-土化学试验，弄清其反应原理与基本性能劣化机理；最后，基于试验测试结果开展百色膨胀土坡浅层破坏分析，揭示两者综合作用对边坡稳定性的影响。

本研究取得如下主要成果：

（1）调研近年我国尤其是百色地区酸雨主要成分及其 pH 变化范围，确定模拟酸雨溶液的物质组成、掺配比例及其 pH；对百东新区膨胀土现场勘探取样开展理化性质试验，证实了浅土层呈酸性，土体最小 pH 出现在透水与不透水层交界面处。

（2）模拟酸雨、干湿循环及低应力条件下百色土胀缩、抗剪强度特性试验，结果表明：在相同围压下，试样的偏应力减小、膨胀变形增大；环境 pH 愈小，该变化趋势愈烈；酸雨与干湿循环叠加后膨胀变形加剧，土样黏聚力降幅更大，内摩擦角则小有变化；上覆压力对土体变形及强度衰减均有抑制作用。

（3）自主设计室内固定拍照装置对土样脱湿过程表观裂隙的演化进行跟踪观测，用 IPP（Image-Pro Plus）图像处理软件定量分析裂隙特征参数，结果表明：酸雨入渗作用下土样表观裂隙更发育，裂隙率及平均宽度、长度均随酸雨 pH 减小而增大；叠加干湿循环作用后裂隙发育加剧。

（4）用扫描电镜、压汞及低频核磁共振与 X 射线衍射等微、细观测试仪，研究酸雨入渗土样的孔隙尺度、颗粒形态等结构特征参数与矿物成分变化规律，结果表明：溶液 pH 越小，土的微结构单元越松散，孔隙数与孔径均增大，黏土矿物结晶程度变差；干湿循环作用的叠加使这种变化更显著。

（5）采用等离子体发射光谱、X 射线衍射、荧光光谱等仪器及矿物全量分析法，获得水-土化学试验中土样矿物、胶结物及溶液中离子成分的演变及规律：相比静态水饱和状态，降雨入渗使土中胶结物流失并促进黏土矿物相互反应，离子交换作用增强；雨水 pH 越小，膨胀土叠聚体间溶蚀的胶结物越多，粒间联结强度不可逆下降，微结构由边-边接触演变为边-面接触，微孔隙发育加剧；酸雨使伊利石脱钾变成不稳定蒙脱石，土的亲水性增强而结构不稳定性变大；渗流与冲刷使土粒骨架脱落，细观孔隙不断变大且极易剪切破坏。叠加干湿循环作用的土样微孔隙更发育，酸雨入渗更便捷，其与土粒接触面积大增，加速水-土化学反应，导致土性劣化加剧。

（6）基于系统试验测试结果，运用 FLAC 7.0 并编制 FISH 程序，计及酸雨、干湿循环、吸湿膨胀、渗透特性等因素综合影响，开展膨胀土边坡浅层坍滑分析，结果表明：在同降雨强度及历时条件下，雨水 pH 越小，边坡暂态饱和区形成越早，坡脚孔隙水压变大，坡体下滑力及水平位移均增大，安全系数明显减小，导致边坡加速失稳。

作　者

2023 年 12 月

目 录
CONTENTS

1.1 研究背景与意义

随着中国经济建设快速发展，煤和化石燃料等用量的急剧增加，我国大气环境问题日趋严重，已成为世界第三大酸雨区[1-4]。《2020 中国生态环境状况公报》报道，全国的酸雨区面积约 46.6 万平方千米，分布有膨胀土的四川、河南、广西、湖北、安徽及江苏等省（自治区）部分地区不同程度遭受酸雨污染[5]。有数据显示，湖北落酸雨的频率达69.5%[6]；安徽以合肥最严重，酸雨频率高达 86.6%[7]；广西全区降雨 pH 最小的一次为2.32，出现在百色，该地区酸雨频率达 67.2%[8]。

众所周知，雨水入渗是边坡滑坍的重要肇因。而有别于传统滑坡触发因素——孔隙水渗流作用，酸雨入渗的影响更为显著，其致灾机理还与土体的化学成分及微结构改变密切相关[9]。研究发现酸雨能使非膨胀性黏土矿物转化为蒙脱石，造成坍滑面土体抗剪强度降低[10-11]。同时，酸雨入渗后土壤中阳离子及胶结物质快速溶蚀，土颗粒间斥力减小，土体的压缩性和膨胀性将明显增大[12-13]。此外，受酸雨侵蚀作用后岩土体的微结构排列趋于紊乱，结构松散，内部孔隙增大，将加剧岩土体的劣化损伤[14-16]。由此可知，酸雨区边坡滑坍不仅受土岩结构及基本性质影响，还与所处的水化学环境密切相关。

膨胀土是富含蒙脱石等强亲水性黏土矿物的特殊土，其显著的强胀缩、多裂隙及超固结三大特性，常给工程建设带来严重灾害，其在我国的广西、河南、湖北、云南等地广为分布。大气干湿循环作用将加剧膨胀土基本物理力学性能的劣化，为此，杨和平等[17]创造性地采用土工格栅柔性支护技术和膨胀土物理处治技术分别对膨胀土路堑边坡及膨胀土路堤的坍滑病害进行了有效处治。

此外，肖杰[18]进一步研究发现，膨胀土堑坡坍滑呈浅层性特征，在反复干湿循环作用下，表层土体抗剪强度不断衰减，且越往表层，强度衰减的程度越大，在长久干旱后遇降雨特别是强降雨时膨胀土边坡极易发生浅层坍滑破坏（图 1.1）。

（a）广西南宁外环

（b）广西崇爱路

（c）广西南百路

（d）北京西六环

图 1.1　膨胀土堑坡坍滑破坏

　　广西百色既是著名膨胀土分布区，也是酸雨重灾区。大气干湿循环常造成膨胀土坡浅表层裂隙纵横交错，为酸雨入渗提供便捷通道。降落的酸雨先沿裂隙进入坡体，随降雨历时增长，土体吸湿膨胀，裂隙逐渐闭合，而裂隙深处无裂膨胀土几乎不透水，导致雨水滞留，浅层土体长期处于酸性环境。据已有研究[10-11]，酸雨使土的抗剪强度明显降低，诱发滑坡。因此，酸雨对膨胀土堑坡浅表层土体基本性能及边坡稳定性的影响不可小视。值得注意的是，现行《公路土工试验规程》（JTG E40）规定膨胀土基本性质试验均在中性水环境中进行，且以往个别学者[14]开展的膨胀土相关试验研究也未考虑酸雨与干湿循环共同作用的影响，因此测试结果势必与酸雨环境下的实际状况不符。目前，尚缺乏酸雨环境与干湿循环共同作用下开挖边坡浅层膨胀土的胀缩性、裂隙性及强度等基本性能的变化规律与劣化机理研究，且它怎样影响边坡稳定性即诱发浅层破坏的严重性及其作用机理更无人知晓，这些新近出现的科学与工程问题值得深入探究且势在必行。

基于此，为弄清酸雨干湿循环作用下膨胀土基本性能演变规律并揭示其劣化机理及对边坡稳定性的影响，本书取广西酸雨重灾区的百色原状膨胀土为对象，在调研近年我国尤其是广西百色地区降酸雨状况及膨胀土土层酸性分布情况的基础上，系统开展考虑酸雨环境与干湿循环共同作用的膨胀土基本性能、微观及细观试验研究，弄清两因素共同作用下原状膨胀土的基本性能、矿物成分及微、细观结构演变规律；同时，模拟酸雨入渗作用开展膨胀土水-土化学试验研究，探寻膨胀土水-土化学反应原理，在此基础上，结合双电层理论，揭示酸雨入渗作用下膨胀土基本性能的劣化机理；此外，基于室内试验结果，考虑酸雨环境、干湿循环、吸湿膨胀、渗透系数变化进行酸雨干湿循环作用下的膨胀土边坡稳定性分析，探明酸雨入渗对膨胀土边坡稳定性的影响。开展相关研究具有重要理论及现实意义，可为酸雨区膨胀土的水-土化学理论研究、边坡稳定性分析及膨胀土工程的处治提供可靠的理论支撑。

1.2 国内外研究现状

1.2.1 酸性环境对岩土体基本物理力学性质的影响

近年来，由于环境污染问题及工程建设的需要，研究水化学环境对岩土体物理力学性质的影响效应已成岩土工程的热点。国内外学者围绕酸性环境对红黏土、粉质黏土、膨润土、高岭土、碳酸盐岩、页岩、灰岩与砂岩的基本性质影响开展了大量研究[19-27]，结果表明酸性环境对土体的液塑限、渗透性、胀缩性、强度及对岩体的力学性能等均造成不同程度的不良影响。

顾欢达等[28]研究了酸雨环境对轻质土的工程性质影响，发现酸雨的渗入会促使土中的钙离子析出，导致土体渗透性变大，压缩强度变小。张信贵等[29]进行了不同 pH 水环境下粉质黏土变形特性的试验研究,发现水化学环境作用下土体的变形与应力路径有关,且酸性环境作用时间越长,短期内稳定的变形仍会缓慢增长。朱春鹏等[30-31]开展了不同浓度酸碱污染土的三轴固结不排水试验,指出酸浓度越大,酸污染土的软化特性越显著。刘汉龙等[32]探究了酸液侵蚀作用对淤泥质黏土物理力学性能的影响,发现酸浓度的增大促使土体中有机质含量减小,土粒比重减小,塑限增大、液限减小,因酸液导致淤泥质黏土塑性指数 I_P 减小,提出针对污染土场地进行测评时,除考虑塑性指数 I_P 外,还需综合考虑其他指标。陈余道等[33]研究指出在水动力的急剧变化下(反复饱水、脱水),酸性水体对土体崩解的加速作用最明显,地下水体的酸化加剧了土体崩解及土洞的形成。Bakhshipour 等[12-13]采用原子吸附谱、X 射线衍射仪和扫描电镜仪等测试手段研究了酸雨入渗对残积土压缩性及原生和次生高岭土黏土工程性质的影响,指出:酸雨会破坏土壤结构,造成铁和铝等金属离子从土基质中流失,随入渗酸雨 pH 变小,土体的压缩性增大;长期受酸雨侵蚀作用,原生和次生高岭土黏土的峰值抗剪强度下降。李相然等[34]针对济南受酸污染的典型地基土开展物理化学性能试验,发现受酸污染地基的土体结构遭受破坏而出现沉陷变形,腐蚀土中生成物的结晶作用会引起地基土膨胀而造成开裂。Jalali 等[35]研究了酸雨对伊朗西部砂质壤土中磷淋溶的影响,得出酸雨会加剧土壤中磷淋溶,将对当地生态环境造成不利影响。Sarkar 等[36]研究了酸雨对复合细粒土性质的影响,发现阳离子快速浸出、颗粒间斥力减少,酸处理对物理化学行为、自由溶胀指数和土壤稠度有很大影响;此外,无侧限抗压强度(UCS)和抗剪强度参数随着酸雨酸度增大而减小,并认为在酸雨侵蚀作用下土体中可交换性阳离子浓度降低,导致土壤结构内部作用力及结构稳定性下降。陈宇龙等[37]对不同酸性环境侵蚀作用黏土的压缩性能、界限含水率及强度特性进行了试验研究,发现酸性环境作用下土体内部发生溶蚀破坏,促使土体孔隙比和压缩系数增大;同时,随酸液 pH 降低,因扩散双电层被稀释导致黏土的可塑性变弱,液限和塑限均减小,同时土体的有效应力路径出现左偏现象,强度降低。

在土体胀缩性能方面,Chavali 等[38]研究了硫酸侵蚀高岭土和膨润土的胀缩性、压缩性的变化特征,发现酸浓度增大,膨润土压缩和膨胀性均降低,高岭土的变化则相反。此外,蒙高磊等[39]研究了酸性环境作用下桂林红黏土基本物理力学性能的变化特征,得出桂林重塑红黏土自由膨胀率随浸泡液 pH 减小而变大的结论。Prasad 等[40]指出酸性环境下阳离子交换作用及矿物质溶解导致蒙脱土膨胀性增大,交换性阳离子类型在此过程中起主导作用，Hari 等[41]在研究硫酸对黑棉土的侵蚀试验中也得到类似结论。

在土体抗剪强度方面，Shuzui 等[42]开展了酸性环境作用下的滑坡研究，指出其他黏土矿物可经离子交换作用而转变为蒙脱石，导致滑面土强度下降。Hurlimann 等[43]对火山堆积土滑坡的形成展开了研究，发现岩土与弱酸相互作用导致的碱土金属的流失会导致土体强度下降。汤文等[44]探究了酸性溶液侵蚀下滑坡滑带土的物理力学特性演变规律，发现滑带土经酸性溶液作用后，其抗剪强度指标均下降。张浚枫等[45]对酸雨侵蚀作用下云南红土的抗剪强度进行了试验研究，发现经酸雨溶液侵蚀作用的红土抗剪强度变小，且这种下降趋势随酸雨 pH 降低而增大，认为酸雨与红土的相互作用包括物理、化学、置换、溶解、结晶等，这些作用能诱发红土物质组分及微结构形态的改变，导致宏观强度性能劣化。刘剑等[46]开展了酸性环境对蒙脱石-石英重塑土黏聚力影响的试验研究，得到在酸性条件下，其抗剪强度变化与黏聚力变化规律一致，均是下降后上升再下降的结论，并结合 X 射线衍射分析，指出酸液会溶蚀其胶结物蒙脱石，致使土体黏聚力降低。顾剑云等[47]得出重塑砂质粉土的黏聚力随浸酸时间增长而衰减并趋于稳定，内摩擦角在一定值范围内上下波动的结论，酸雨导致土的抗剪强度变化可诱发滑坡，建议加强降酸雨型滑坡的研究。赵宇等[11]研究了黏土矿物成分演化与酸雨引发滑坡的关系，发现滑面土蒙脱石含量明显高于坡面土样，其矿物成分从含部分伊利石和伊/蒙混层矿物为主演化成含蒙脱石为主，诱发了酸雨型滑坡。

在土体裂隙性方面，研究表明土中裂隙的存在及其发展变化是导致膨胀土边坡失稳的根本原因，土的胀缩性则是促进裂隙发育的重要内因[48-49]。土中裂隙拓展、延伸、贯通等变化，加快了膨胀土结构性破坏，给雨水入渗创造了有利条件，造成土体强度大幅下降，使膨胀土边坡坍滑成为难以治愈的"癌症"。许多学者[50-54]分别探究了干湿循环、含水率、干密度、温度、应力条件等因素对膨胀土裂隙发育的影响。殷宗泽[55]指出，干湿循环对强度的影响只是一种表象，其造成的裂隙扩展才是强度降低的根本原因。此外，唐朝生等[56]、曹玲等[57]探究了膨胀土裂隙发育规律及形态特征，同时结合 IPP、GIAS、MATLAB 图像软件及分形理论对裂隙的结构特征、空间分布及动态演化过程进行了定量描述，也取得了丰硕的研究成果。但上述研究工作基本未考虑酸雨对膨胀土裂隙发育的潜在影响。

在岩体力学性能方面，陈文玲等[58]开展了酸雨溶液泡大理岩样后的单轴压缩试验，得到泡酸后大理岩破坏时其脆性程度和单轴抗压强度均降低的结论。刘新荣等[59]分别考虑酸性、碱性及中性3种溶液环境，并结合干湿循环的作用探究砂岩抗剪强度的劣化机制，根据化学热力学分析，获得各主要矿物在3种溶液环境下的稳定性，并通过测定溶液中的离子浓度，验证了化学热力学分析的合理性，发现酸性环境下砂岩抗剪强度的劣化最严重。李宁等[60]开展了不同 pH 溶液下钙质胶结长石砂岩的抗压强度试验，得出 $CaCO_3$ 等胶结物的溶蚀是造成其强度劣化的主因的结论。李鹏等[61]开展模拟酸性环境下砂岩抗剪强度试验研究，得到水化学作用对砂岩的劣化损伤在微细观层面体现为岩体中矿物的溶蚀，次生孔隙率增大；而宏观层面的表现则是砂岩力学性能的劣化，认为可用酸性环境中砂岩所产生的次生孔隙率来表征其损伤程度。Feng 等[62]系统地研究了水化学环境作用下岩体的物理力学特性，认为化学腐蚀细观表现为岩石矿物间联结的减弱和矿物晶体及颗粒的腐蚀加剧，宏观表现为岩石的力学特性劣化。王子娟等[63]开展了酸性环境下砂岩抗剪强度劣化性能的试验研究，也发现酸雨溶液使砂岩抗剪强度的劣化损伤加剧。韩铁林等[64]选取经酸性溶液与冻融循环共同作用后的砂岩进行单轴压缩和三轴压缩试验，发现酸性溶液将加剧砂岩的冻融损伤劣化，酸性溶液及冻融循环二者叠加作用对砂岩损伤劣化的影响更大，依据热力学第一定律从能量的角度研究了酸液腐蚀后砂岩试样在单轴压缩变形破坏过程中能量的累积耗散特征，发现经酸性溶液侵蚀后砂岩试样的耗散能快速增多，并认为酸性溶液侵蚀作用会加剧砂岩试样内部裂纹及缺陷的发育，进而加剧砂岩力学性能的劣化。

综上可知，有关酸性环境对膨胀土基本性能影响的相关研究还很少，且集中于重塑膨胀土的膨胀特性方面。李志清等[65]发现硫酸浸泡蒙自膨胀土后发生化学膨胀，溶液浓度越高，膨胀变形率越大，稳定时间越长，但仅对试验测试结果做了分析，未对变形原因作出解释。Sivapullaiah 等[66]研究硫酸对膨胀土膨胀性的影响，获得硫酸水污染的膨胀土其黏土矿物成分改变，同时发现膨胀土在 0.5 mol/L 的硫酸溶液环境下会生成石膏和七水铁矾，在 2 mol/L 的硫酸溶液环境下会生成矾石和硬绿泥石，对工程性质产生严重影响。

1.2.2　酸性环境作用下岩土体微、细观结构的演变

许多学者采用扫描电镜仪、压汞仪、CT（计算机层析成像）扫描仪及核磁共振仪等

测试设备，开展了酸性环境作用下砂岩、泥质砂岩、淤泥质土、膨润土、重塑膨胀土及伊利石等岩土体的微、细观结构演变规律研究。

李小娟等[67]采用 Quanta250 电子显微镜探究了经酸性冻融循环作用后砂岩的微结构特征，发现酸性冻融循环作用试样内部孔隙数量增多并逐步贯通，导致岩体整体结构出现局部破坏。陈卫昌等[68]对酸雨作用下石灰岩表层微结构形态进行了分析，认为酸雨与石灰岩表面作用产生的可溶性硫酸盐会附着在试样上，使试样表面变松散，但部分酸雨-石灰岩产物会填充石灰岩内的微孔隙和微裂隙，可有效减缓小孔隙尺寸的破坏。乔丽苹等[69]从微细观结构特征入手，分析了砂岩的水物理化学损伤特征，从 CT 扫描试验结果发现水溶液酸性越强，砂岩次生孔隙率越大，认为酸雨水溶液侵蚀作用使矿物颗粒遇水发生溶解、溶蚀，导致次生孔隙水增大。李光雷等[70]采用核磁共振（NMR）技术对酸液侵蚀后灰岩内部的微观结构进行了测试，发现酸性环境中的 H^+ 与灰岩试样中的方解石、白云石等成分发生反应，促使灰岩内部微孔隙剧烈扩展，孔隙率增大，造成灰岩结构由致密逐渐演变为松散状态，最终导致其强度性能急剧劣化。温淑瑶等[71]研究了硫酸侵蚀作用下膨润土微结构的形态特征，发现矿物质的溶蚀导致土体有效孔洞增多，且随硫酸浓度增加，这种变化趋势更剧烈。

此外，刘汉龙等[72]采用扫描电镜观测了酸污染后淤泥质黏土的微结构特征，并采用 GeoImage 程序提取了土体扫描电镜图像中微结构参数，探究了微结构参数与土体压缩性及强度特性的相互关系。阎瑞敏等[73]研究了水-土相互作用下土体微结构特征与力学性能的关系，发现水-土相互作用下土体微结构由曲片状叠聚体演变为平片叠聚体，导致颗粒间咬合力变弱。Bendou 等[74]研究盐酸侵蚀钠质膨润土的微结构变化，从扫描电镜图像中发现经盐酸侵蚀作用后钠质膨润土中叠片结构边缘被打开，形成开放的结构，且盐酸浓度增大，比表面积增大。Wang 等[75]对 pH = 4 和 7.8 溶液侵蚀后的高岭土微观结构及电荷特征进行了探究，发现前者试样微结构中出现边-面絮凝和面-面絮凝，且面-面絮凝排列趋于紊乱，而后者试样微结构排列趋于一致，指出酸性环境主要影响和攻击的对象是边缘电荷，而边缘电荷的改变与土体微结构的形态变化息息相关，酸液侵蚀使其微结构改变是导致其力学性质变化的重要原因。Calvello 等[76]研究了酸性溶液对蒙脱土的物理力学特性的影响，得出了采用介电常数对溶液进行描述的方法，并获得了介电常数与土体物理力学指标间的相互关系。

综上，虽大量学者对酸性环境作用下岩土体微、细观结构演变规律进行了分析研究，但所选研究对象中并没有酸雨区的天然膨胀土，酸雨影响区膨胀土的微、细结构演变规律还有待深入研究。

1.2.3 酸性环境作用下水-土（岩）化学作用机理

目前，研究者主要采用 X 射线衍射仪、荧光光谱仪、激光电泳仪、电导率测试仪、电感耦合等离子体发射光谱仪、扫描电镜等测试设备与黏土矿物全量分析法等方法，并运用化学成分分析、双电层理论、晶格及双电层等理论，从矿物成分演变、离子交换、电荷变化及微结构形态等方面开展酸性环境下水-土（水-岩）化学作用机理研究，取得了不少有价值的成果[77-85]。

有研究认为，化学作用对岩土体中双电层、黏粒含量及可溶盐或难溶盐含量、土颗粒间湿吸力和可变结构吸力、受力土体结构的动态变化及土的渗透性等方面具有重要影响[86]。Appelo 等[87]的研究认为水-土化学作用下土体内氢氧化硅的溶解、原生硅酸盐的风化及离子交换等因素综合作用造成了土体强度的劣化。肖桂元[88]和周修萍[89]等学者模拟酸雨对土体理化性质的影响开展试验，分析酸雨对南方 5 种土壤理化性质的影响，发现酸雨使土体中阳离子的淋溶增强，且酸雨 pH 越小，土体中金属元素化合物受溶解程度越大，盐基离子的淋溶越剧烈。夏磊[90]对酸雨作用下河道淤泥气泡混合土的工程性质及稳定性进行了研究，指出气泡混合土经酸雨的水化溶解作用后，其主要矿物石英和钠长石锐减，矿物钙矾石增多，整体胶凝性变差，整体结构损伤。路世豹等[91]探讨了地基土在长期受酸性物质侵蚀过程中的污染变化机理。

此外，刘媛等[92]发现酸性条件促使土中碳酸盐类溶解，造成土体矿物成分流失、空隙变大；钾长石和伊利石中的 K^+ 被 H^+ 置换，产生不稳定的蒙脱石等黏土矿物，不利于土体稳定。孙重初[93]指出酸性水溶液使红黏土中金属阳离子转入水中，双电层中高价离子浓度提高，使得扩散层双电层变薄，而起胶结作用的氧化物的溶蚀及原有不溶性胶粒转为可溶性离子等，使粒间连接力及黏性降低，土体孔隙比增大，力学性质变差。李善梅等[94]研究了 pH 对桂林红黏土界限含水率的影响，认为游离氧化物与 H^+ 反应生成的铁、铝水合离子部分被负电荷吸附，得出该溶液环境下红黏土的界限含水率不再适合用传统的双电层理论进行分析的结论。Maggio 等[95]研究了酸液对高岭土基本性质的影响，指出酸性环境下其宏观物理力学性质，同时受离子交换吸附改变双电层厚度及矿物酸侵蚀溶解效应的综合影响。温淑瑶[96]研究了膨润土微结构及电动性质，发现硫酸浓度增加，酸化膨润土蒙脱石含量减少，结晶程度变差，颗粒表面粗糙度增大，有效孔洞增多。

汤连生[97]指出水化学溶液与土体相互作用主要为溶解、沉淀或结晶以及阳离子交替吸附作用。颜荣涛等[98]总结国内外水化学环境变异对岩土体物理力学特性影响的研究成果，得出水化学溶液环境下土颗粒表面的吸附水双电子层的厚度的改变，是影响蒙脱土基本物理力学特性的关键因素的结论。Gajo 等[99]考虑酸性环境作用对离子交换及水化作用的影响，获得了用于表征酸性环境中离子交换及水化作用对土体物理力学特性影响的理论模型，但模型只是基于特定背景获得的试验数据而建立的，同时忽视了土-水化学过程中胶结物的溶蚀及矿物成分的沉淀造成的影响。

可见水-土（水-岩）化学作用对土体的力学效应是一个与土体（水-岩）化学成分和结构以及所处水化学环境密切相关的化学-力学过程，其影响往往比单纯物理作用更大，酸性环境作用导致土体物理力学特性改变，这种水-土化学作用无法用已有的经典土力学理论描述，要将化学和力学影响联合起来研究水-土化学力学相互作用。

1.2.4 干湿循环作用下膨胀土的边坡稳定性分析

学者们根据边坡常呈浅层坍滑的特点，从膨胀土特有的胀缩性与裂隙性及其强度特性出发进行了大量研究。

膨胀土边坡土体的强度和渗透性受大气干湿循环影响大，循环作用次数增多，其强度衰减、渗透系数增大。为此，有研究者依边坡土体的风化程度，沿深度分层取不同抗剪强度与渗透系数分析膨胀土边坡稳定性。殷宗泽等[100]建议按风化程度将其分成原状未风化层、裂隙充分发展层和不充分发育层 3 个区，分别取未干湿循环和 5 次干湿循环及两者均值的饱和固结不排水剪参数指标，采用条分法做膨胀土边坡稳定分析。考虑到主裂隙对膨胀土边坡的影响，袁俊平等[101]研究了地形、裂隙位置和深度以及渗透特性等对边坡降雨入渗的影响；刘华强等[102]改进并完善了 Bishop 法，考虑了裂缝引起的强度衰减与降雨时缝隙中形成的渗流等影响因素，进一步完善了分析膨胀土边坡稳定性的方法。姚海林等[103]描述了裂隙的发展程度，进行了非饱和膨胀土的随机裂隙网络的数值模拟，指出裂隙使坡体的整体性遭到破坏，并显著提高表层土体的入渗速率。

在干湿循环作用下,降雨使膨胀土坡浅土层的湿度场、吸湿膨胀变形及应力场改变。对此,程展林[104]、黄斌[105]等考虑膨胀变形对边坡应力场的影响,认为它是造成边坡浅层坍滑的主要影响因素。Alonso 等[106]基于巴塞罗那基本模型,提出了理论基础严谨的巴塞罗那膨胀模型(BEXM 模型)。遵循其建模思路及方法,Rutqvist[107]、Abed[108]等进一步展开研究使之发展并不断完善。孙即超等[109]根据膨胀模型(ESEM),依据边坡的位移,借助反演法,获得了求解膨胀土膨胀力的方法。缪协兴等[110]提出了湿度应力场理论,指出膨胀土吸湿膨胀软化可由温度升高材料体积膨胀软化替代,即通过热传导引起的温度场变化取代水渗透引起的湿度场变化。白冰等[111]验证了湿度应力场理论的合理性,并在此基础上分析了其适用条件。Qi 等[112]基于非饱和土弹塑性本构模型,考虑吸湿膨胀效应,采用无限边坡模型开展数值模拟分析,得出忽略吸湿膨胀效应对应力与应变软化的影响将高估边坡的稳定性。张连杰等[113]采用 ABAQUS 软件,用 Fortran 编程子程序,分析膨胀性对各降雨工况膨胀土边坡位移及饱和度的影响,得出边坡失稳呈浅层、牵引性。

归根结底,近年来基于非饱和理论建立的膨胀土弹塑性本构方程虽发展迅速,但模型复杂、参数众多,难以在实际应用中推广。湿度应力场理论可在一定程度上反映湿度和变形耦合效应,但实质上只是将含水率变化利用线性插值法等效成温度均匀变化,故仍不能真实反映因降雨引起膨胀土坡体的非饱和-饱和入渗过程,更无法模拟边坡的渐进性破坏。此外,丁金华等[114]依"湿度应力场"理论,采用有限差分软件,提出一种非饱和渗流场-膨胀变形场-应力场多场耦合数值分析方法,计及吸湿膨胀变形对边坡稳定性的影响。遵循其三场耦合数值分析思路及方法,童超[115]进一步考虑强度衰减、裂隙与边坡类型等因素,深入分析不同降雨大小和时长对边坡浅层坍滑的影响。然而,上述研究均未考虑酸雨入渗对膨胀土抗剪强度、性能的影响,对此研究不足的现状须改变。

1.3　现有研究的不足

综上可知,酸雨与土中物质发生的复杂物理化学反应,能改变其原有结构和基本物理力学性能,进而对工程建设产生不利影响。尽管人们已认识到酸雨对膨胀土的性质及强度等均有显著影响并开展了初步探索，但研究仍存局限性，主要体现在以下几方面：

（1）酸性环境对土体物理力学性质影响显著，但以往研究主要针对红黏土、膨润土、高岭土及极少数重塑膨胀土，而边坡原状膨胀土的矿物成分和微结构与这些土类的差别很大，且其对干湿循环作用十分敏感，目前尚缺少考虑酸雨和干湿循环共同作用引起原状膨胀土性质劣化的系统研究，弄清此条件下其抗剪强度衰变特性及膨胀软化效应对边坡稳定分析尤为重要。

（2）已有研究指出酸性环境对土的宏观性能、微观结构及矿物成分影响很大，同样因已研究土与膨胀土性质上的差异，有必要系统研究酸雨入渗与干湿循环共同作用下原状膨胀土应力应变、胀缩变形等特性，并弄清其劣化微观作用机理及水-土化学作用原理。

（3）在膨胀土边坡坍滑分析方面，目前研究主要考虑了裂隙、膨胀变形、抗剪强度参数以及降雨强度与历时等因素的影响，但对酸雨区的膨胀土边坡而言，酸雨入渗与干湿循环共同作用下膨胀土边坡的灾变机理尚不清楚。

（4）以往学者们对膨胀土滑坡的分布规律、破坏特征、监测及处治方法研究较多，进行岩土边坡稳定性分析时，为模拟降雨作用下试样的饱和状态，许多学者通常将试样装入重叠式饱和器中进行静置饱和或者置入抽真空装置中进行抽真空饱和，但此种状态下试样均处于静态水环境中，水-土相互作用及离子交换作用较弱，几乎可忽略渗流作用对土体内部结构的影响，这与实际边坡降雨入渗过程不相符。

（5）坡面浅层原状土抗剪强度显著衰减、膨胀变形、裂隙演化、降雨和渗透性等是边坡滑坍重要影响因素，以往作稳定分析多考虑单个或某两个因素组合影响，较少综合考虑多因素多场耦合的膨胀土边坡稳定分析，且都忽略了酸雨对膨胀土强度特性、胀缩特性及裂隙性的不利影响，而这很可能是引起边坡坍滑的关键因素，其结果必然与受酸雨影响地区工程实际不符。

因此，开展酸雨干湿循环作用下膨胀土性能劣化机理及对边坡稳定性影响研究，弄清两者共同作用下原状膨胀土抗剪强度衰减、胀缩性演变及其作用机理，对有效解决酸雨区膨胀土边坡失稳分析的关键技术难题，具有重大的理论意义及工程价值。

1.4 研究内容、技术路线与创新点

1.4.1 研究内容

本书设计并开展系列室内试验，探究酸雨干湿循环作用下膨胀土强度、胀缩性、裂隙性等基本性质的劣化规律；同时模拟酸雨入渗环境开展水-土化学试验研究，从微观结构、矿物成分与化学成分演变方面探究酸雨入渗作用下膨胀土水-土化学反应原理，揭示酸雨干湿循环作用下膨胀土基本性质的劣化机理；此外，基于室内试验结果，进行酸雨入渗作用下膨胀土边坡稳定性分析。本书主要研究内容如下：

（1）调研近年我国尤其是广西百色地区酸雨主要成分及其 pH 变化范围，确定与之相符的模拟酸雨环境的溶液物质组成、掺配比例及相应 pH；同时对百色地区膨胀土进行实地勘探取样，采用土壤浸出液对百色天然膨胀土 pH 进行测定，确定酸雨对百色膨胀土影响的深度范围。

（2）运用三联高压固结仪、GDS 饱和三轴仪以及室内固定拍照装置等设备，开展酸雨环境、干湿循环等因素作用下膨胀土基本性能试验，得到其膨胀变形、抗剪强度以及裂隙特征参数，弄清酸雨干湿循环作用下膨胀土基本性能演变规律。

（3）采用扫描电镜、压汞仪、低频核磁共振仪及 X 射线衍射仪等测试设备，进行酸雨干湿循环作用下膨胀土微、细观试验，获取膨胀土孔隙尺度、颗粒形态等微观结构参数及矿物成分的参数，探明酸雨干湿循环作用下膨胀土微细观结构及矿物成分的演变规律。

（4）模拟酸雨入渗作用开展膨胀土水-土化学试验研究，运用电感耦合等离子体发射光谱仪、X 射线衍射仪、荧光光谱仪等测试设备，分析酸雨入渗作用下膨胀土中矿物与胶结物质及溶液中离子成分的演变规律，阐明膨胀土与酸雨溶液间水-土化学反应原理。

（5）基于（1）~（4）研究成果，从矿物与胶结物质演变、叠聚体微结构、细观结果演变及膨胀土基本性质劣化三方面，揭示酸雨干湿循环作用下膨胀土基本性能的劣化机理。

（6）根据室内试验结果，考虑酸雨环境、干湿循环、吸湿膨胀、渗透系数变化等因素，进行酸雨干湿循环作用下的膨胀土边坡稳定性分析，探明酸雨入渗作用对膨胀土边坡稳定性的影响。

1.4.2 技术路线

研究拟采用的技术路线如图 1.2 所示。

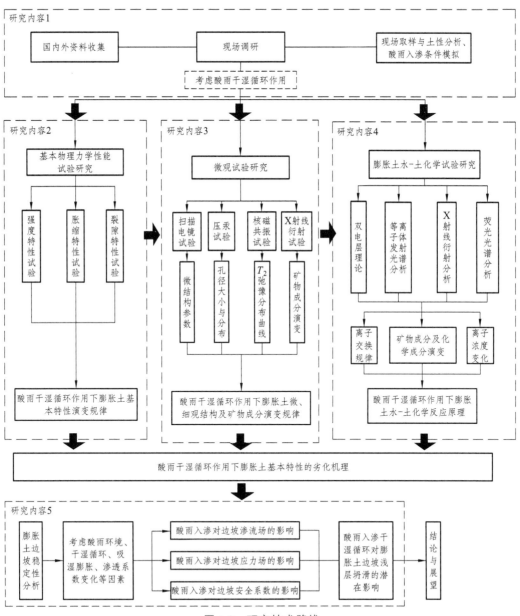

图 1.2 研究技术路线

1.4.3　创新点

（1）通过现场实地调研及室内试验研究，确定了残积层膨胀土内酸雨影响深度；酸雨入渗膨胀土的深度主要集中于浅表层，其 pH 最小部位为膨胀土中透水与不透水层交界处（即干湿循环作用下膨胀土的开裂深度），地表 6 m 以下的膨胀土均不受酸雨侵蚀，为非酸性土。

（2）通过室内系统试验研究，揭示了酸雨干湿循环作用对膨胀土胀缩特性、裂隙性及抗剪强度等基本性能的影响规律；发现酸雨干湿循环作用加剧了膨胀土的胀缩变形，加速了其抗剪强度衰减，使得其裂隙发育加快，且该影响主要集中在边坡浅表层土体，造成浅表层膨胀土整体性变差，结构强度下降，渗透系数增大。

（3）通过微细观试验研究，揭示了酸雨干湿循环作用对膨胀土微观结构的影响，得到酸雨干湿循环作用使得膨胀土中起胶结作用的游离氧化物及碳酸盐等胶结物出现溶蚀，造成土体结构联结强度下降，土体微结构变分散，微孔隙数目及尺寸增大。

（4）通过自主设计室内循环饱水化学试验，模拟了降雨入渗实际边坡的过程，解决了静态水环境中离子交换及水-土相互作用较弱的问题，探究了酸雨入渗膨胀土的矿物及化学成分演变规律，分析了酸雨-膨胀土水-土化学反应过程，并阐明了酸雨干湿循环作用下膨胀土基本性能的劣化机理。

（5）采用 FLAC 7.0 有限差分软件，建立了考虑酸雨环境、干湿循环、渗透系数变化及地下水位的膨胀土边坡数值分析模型，采用多场耦合的数值计算方法，进行了酸雨入渗干湿循环作用下膨胀土边坡多场耦合分析，阐明了酸雨入渗干湿循环对膨胀土边坡浅层坍滑的潜在影响。

现场调研与酸雨入渗条件模拟

膨胀土的黏土矿物成分及微结构形式影响并控制着土的物理化学性质[116]，所在地域不同，膨胀土的矿物成分及物理力学性质会存在较大差异，而大气环境因素对其物理化学性质变化的影响也不可忽视。广西是我国酸雨分布区，2003 年长沙理工大学团队在开展交通部西部公路膨胀土处治成套技术项目时，曾以南友路宁明段为主要依托，重点研究了宁明膨胀土的理化性质[117]，发现距地表 1.5~6.3 m 深土样的 pH 为 3.88~5.97，属于酸性土且分布集中于地表 6 m 以内，而已有研究指出百色更是广西酸雨重灾区[8]，该处膨胀土受酸雨影响的程度如何还不得而知。

本章主要以百色膨胀土为对象，重点探究其受酸雨影响的程度和范围，进行现场勘探取样并开展膨胀土基本性质及酸碱度试验，获取土性参数指标并确定不同深度土层的酸碱度，同时开展近年来我国尤其是百色地区实际受酸雨影响的广泛调研，确定本研究模拟酸雨的物质组成、掺配比例及相应 pH 并制备酸雨溶液，为后续试验研究提供依据。此外，根据干湿循环显著影响区土体的实际状态及边界条件，完成试验方案的初步设计。

2.1 现场取样与土性分析

2.1.1 前期相关试验研究

课题组 2003 年做西部交通建设重点膨胀土项目时，历尽千辛万苦探明建设中的南友高速穿越典型宁明膨胀土分布区，毫不犹豫以此为依托开展工程处治试验研究，并邀请外协中国科学院地质研究所合作，现场取原状样深入开展宁明膨胀土的土性试验研究，获得不同深度土样的矿物、粒度、化学成分及 pH 等分析测试结果（表 2.1~表 2.3）。

表 2.1　宁明膨胀土化学性质测试结果

分析号	取样深度/m	pH	交换量/ (meq/100 g)	盐基总量/ (meq/100 g)	盐基饱和度/%	交换阳离子成分/ (meq/100 g)			
						Ca^{2+}	Mg^{2+}	K^+	Na^+
1	1.5~1.8	4.04	19.84	175.46	48.84	1.48	56.04	42.48	40.12
2	1.5~1.75	4.29	19.92	194.76	38.55	0.98	37.51	52.13	52.13
3	3.5~3.8	3.88	22.18	170.90	91.83	8.55	41.37	47.12	47.12
4	6.0~6.3	5.97	22.85	191.38	54.71	3.71	41.01	48.24	48.24

表 2.2　宁明膨胀土物质组成测试结果

分析号	蒙脱石含量/%	比表面积/(m²/g)	$CaCO_3$含量/%	颗粒组成/%				伊/蒙混比/%
				>0.075 mm	0.005~0.075 mm	<0.005 mm	<0.002 mm	
1	21.65	175.46	0.00	1.48	56.04	42.48	40.12	65
2	20.01	194.76	0.00	0.98	37.51	61.52	52.13	70
3	19.07	170.90	0.00	8.55	41.37	50.08	47.12	65
4	20.14	191.38	0.003	3.71	41.01	55.28	48.24	70

表 2.3　宁明膨胀土黏土矿物定量测试结果

分析号	XRD 法黏土矿物相对含量/%			XRD 法黏土矿物绝对含量/%			
	I/S	I	K	I/S	I	K	Ch
1	54	21	17	21.67	8.431	6.82	3.21
2	59	C19	15	27.80	8.95	7.07	3.30
3	60	21	19	28.94	10.13	9.27	——
4	59	20	24	30.76	10.43	12.51	——

　　分析表 2.1 不同深度土层的 pH 测试值可知，浅表层宁明膨胀土呈酸性，其中距表层深 1.5~1.8 m 的土样其 pH 为 4.04；当深度增至 6.0~6.3 m 时，土样 pH 增大到 6.2，表明该深度以下膨胀土 pH 已超出酸性土临界值（pH = 5.6）；酸性最强土层（pH = 3.88）出现在地表以下 3.5~3.8 m，揭示酸雨入渗膨胀土的深度有限，恰好位于透水与不透水

层交界面附近，即干湿循环作用下表土层的开裂深度处，正是酸雨沿裂隙渗入至此并滞留导致了土体 pH 变小。

2008 年，在开展交通部膨胀土成套技术研究成果推广项目时，课题组依托建设中的广西隆林至百色高速公路，再次选取广西另一典型膨胀土——百色土开展了工程地质特性试验研究，在南百与百隆两高速交会处匝道已开挖的 4 个边坡中下部取原状土样，也送交中国科学院地质研究所协助完成全套百色膨胀土的土性试验，其相关的分析测试结果见表 2.4 和表 2.5。

表 2.4 百色膨胀土化学性质测试结果

分析号	取样深度/m	pH	CaCO₃含量/%	有机质/%	变换阳离子成分/（meq/100 g）				阳离子变换量/（meq/100 g）	盐基总量/（meq/100 g）
					Ca²⁺	Mg²⁺	K⁺	Na⁺		
1	6.0~6.5	7.58	4.62	1.13	17.22	6.03	0.26	1.05	17.86	24.56
2	7~7.5	7.61	7.52	1.69	18.87	4.34	0.24	0.88	24.61	24.34
3	7.5~8	8.02	4.15	2.79	15.81	5.58	0.25	0.61	23.37	22.25
4	8~9	8.21	21.61	3.23	12.55	3.71	0.25	0.30	21.27	16.82

表 2.5 百色膨胀土物质组成测试结果

分析号	蒙脱石含量/%	比表面积/(m²/g)	颗粒组成/%				伊/蒙混比/%	自由膨胀率/%
			>0.075 mm	0.005~0.075 mm	<0.005 mm	<0.002 mm		
1	19.18	131.77	0.19	43.45	56.36	54.04	45	88
2	17.97	146.14	0.36	40.56	58.08	56.36	40	88
3	15.87	141.02	0.08	55.36	44.56	43.48	45	87
4	14.45	134.61	0.14	53.98	45.88	45.32	45	57

分析表 2.4 可知：4 个土样的取样深度均为边坡开挖前原地表 6 m 以下，实测土样的 pH 都大于 7.5，且随取样深度的增大（6~9 m），土样的 pH 由 7.58 增至 8.21，表明该范围的百色膨胀土呈弱碱性且随深度增加其碱性增强，尽管已有研究报道百色是广西酸雨分布的重灾区，但距地表以下 6 m 深范围的百色土并未受到酸雨污染。

综合分析宁明、百色两典型膨胀土 pH 实测值各自随距地表深度的变化，不难得出，干湿循环条件下酸雨入渗膨胀土中的深度有限。土性测试结果表明：宁明膨胀土浅层 3 m 左右深度范围的 pH 最小呈酸性，当深度增至 6 m 时，酸雨入渗的影响消失；百色膨胀土因所有土样取自地表下 6～9 m，各土样的 pH 测试值均属于弱碱性范围。本研究主要对象是百色膨胀土，现已探明即使是酸雨的重灾区其对膨胀土性的影响范围也只是浅表层，然而百色膨胀土浅层受酸雨的污染状况究竟如何目前尚不明了，有必要专门研究该区膨胀土受酸雨影响范围。

2.1.2　百东新区勘探取样

为获得酸雨环境下百色膨胀土浅表层受酸雨侵蚀的第一手资料，2017 年，课题组专门对百色东膨胀土分布区做实地调研，通过比较选定百东新区在建北环线道路工程项目作依托，在地质勘探人员配合下，选定两典型膨胀土分布点开展现场钻探并分深度提取土样作业。图 2.1 所示为钻探提取部分芯样的照片。

（a）取样地点 1　　　　　　　　　　　　（b）取样地点 2

图 2.1　百色市百东新区北环路道路工程钻芯取样

现场工作人员将各深度钻取芯样装入专用的试样筒，并用透明塑料胶带密封，运回试验室后置于阴暗处保存，以备做土性试验尤其是测各层位土样 pH 使用。

2.1.3　不同层位土样 pH 及分析

本次试验是在中南大学冶金与环境学院的公共分析检测实验室完成的，采用梅特勒-

托利多仪器有限公司生产的 FE20/FE20K FiveEasy Plus 基础型台式 pH 计（图 2.2）开展土样的 pH 测试。

由于常态下的膨胀土是固体，室内测定其 pH 需先做样品处理，即先要制备并提取百色膨胀土的土壤浸出液，再对其实施 pH 测定。具体测试步骤与方法如下：

土样取自地表以下 1.8 ~ 6.8 m 的深度范围，每隔 50 cm 依次取同一深度两个土样以开展平行试验，每组样的质量约 200 g，共取土样 10 组；每个土样均先在 50℃ 恒温箱中烘干；后将烘干样研磨并捣碎（图 2.3）过 2 mm 孔径筛；再称取 20 g 样品放置于 50 mL 烧杯内，加 1 mol/L 的氯化钾溶液 20 mL 后并盖上玻璃片，持续搅拌悬浮液 5 min，再在悬浮液中静置约 50 min，让大部分固体土粒沉淀；最后将 pH 仪的电极插入烧杯中测定膨胀土浸出液的 pH。

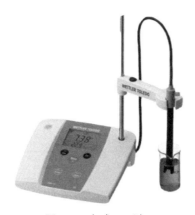

图 2.2　台式 pH 计　　　　图 2.3　膨胀土研磨处理

完成 10 个土样的测试后，分析整理得各深度土样的 pH 平均值，见表 2.6。

表 2.6　不同深度的百色膨胀土 pH 测试平均值

取土深度/m	1.8 ~ 2.2	2.7 ~ 3.2	3.8 ~ 4.3	5.0 ~ 5.8	6.5 ~ 6.8
土样 pH	4.94	4.38	5.37	6.08	7.12

由表 2.6 可知：百东新区距地表约 1.8 ~ 5.8 m 深度范围的百色膨胀土偏酸性，随土层深度加大，土样的 pH 整体呈增大趋势；经干湿循环作用其最小 pH 位于膨胀土的开裂深度附近（地表下 3.0 m 左右）；当土层深大于 4.3 m 后，土样的 pH 已接近酸雨临界值

（pH = 5.6），距表层 6.5 ~ 6.8 m 深的土体已呈弱碱性（pH 为 7.12）。数据同样表明干湿循环条件下酸雨入渗膨胀土中深度有限，仍集中于膨胀土浅表层。这与课题组之前测得的宁明膨胀土酸碱度变化规律一致。可能因为测试方法或季节的不同，宁明土的 pH 稍小于百色土的对应值。

2.1.4　深度 6 m 样的土性分析

为采用人工模拟酸雨入渗，对比分析干湿循环作用下酸雨与非酸雨对百色土产生的不同影响，根据前试验分析结果，特选取距地表以下约 6 m 深未受到酸雨作用的原状百色膨胀土开展土性试验，获取后续试验研究所需的基本产生指标。为保证膨胀土微观测试指标值准确、可靠，本次试验仍请中国科学院地质研究所协助完成，表 2.7 和表 2.8 为测试结果，土样按双控指标分类，其胀缩等级可归为中强型[118]。

表 2.7　百色膨胀土的物理性质指标

天然含水率/%	天然密度/(g/cm³)	土粒比重	液限/%	塑限/%	塑性指数	天然稠度	体缩率/%	自由膨胀率/%
20.6	2.09	2.7	56.26	21.37	34.89	1.02	9.13	82

表 2.8　百色膨胀土矿物及颗粒组成

蒙脱石含量/%	比表面积/(m²/g)	有机质含量/%	CaCO₃含量/%	颗粒组成/%				伊/蒙混比/%
				>0.075 mm	0.005 ~ 0.075 mm	<0.005 mm	<0.002 mm	
16.58	130.77	2.89	12.84	0.10	52.02	47.88	45.20	45

分析表两表测试结果可知，本次百色膨胀土的粒度成分、蒙脱石及有机质含量、比表面积和自由膨胀率等指标与 2009 年测得的百色膨胀土样相当接近。

2.2　酸雨状况调研及酸雨溶液制备

2.2.1　我国降酸雨状况

根据我国近年发布的环境状况公报，统计 2012—2016 年我国降落酸雨中主要阴离子的比例[119]，见表 2.9。分析表 2.9 可知我国酸雨类型以硫酸型为主。调研广西百色市 1992—2015 年间的酸雨情况[5-8]，见表 2.10。

表 2.9 2012—2016 年我国酸雨中主要致酸阴离子比例

化学成分	2012 年	2013 年	2014 年	2015 年	2016 年
SO_4^{2-} /%	27.6	25.6	26.4	24.7	22.5
NO_3^- /%	7.9	7.4	8.3	8.5	8.7

表 2.10 1992—2015 年间广西百色市年酸雨监测情况

研究者	调研年份	平均 pH	最小 pH	pH<5.6 出现频率/%	pH<4.5 出现频率/%	pH<4 出现频率/%
黄淑娟	1992—2006 年	3.66	1.95	69.5	36.2	19.6
董蕙青	2002—2004 年	5.00	3.20	53.8	15.4	—
程爱珍	2003—2008 年	4.59	2.32	67.2	36.9	—
孙平安	2014—2015 年	5.11	3.73	55.0	—	—

2.2.2 酸雨溶液制备方法

由表 2.9 可知，我国近年来降酸雨中主要致酸的硫酸根离子 SO_4^{2-} 及硝酸根离子 NO_3^- 大致比例为 3∶1，参考已有学者模拟酸雨环境的研究，最终选取稀硫酸和稀硝酸按 $n(SO_4^{2-})$∶$n(NO_3^-)$ = 3∶1 的物质的量比配制酸雨溶液。

广西百色地区膨胀土分布广，也是酸雨重灾区。由表 2.10 可知，2003—2015 年广西全区降雨 pH 最小的一次为 1.95，出现在百色，且该地区的酸雨频率达 67.2%。结合广西百色地区降落酸雨的极值、均值、频率情况，采用 pH = 3 和 pH = 5 这两种具有代表性的强酸及弱酸雨溶液开展模拟酸雨环境的百色膨胀土的试验，并与 pH = 7 的蒸馏水中性溶液进行对比。蒸馏水提取装置如图 2.4 所示，采用高精度便携式酸碱度测试笔（图 2.5）进行酸雨 pH 监测。

图 2.4　电热蒸馏水器

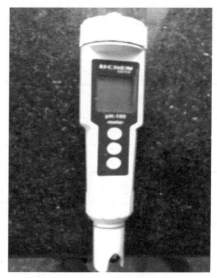

图 2.5　pH 测试笔

2.3　酸雨干湿循环模拟

2.3.1　试样饱和方法

膨胀土边坡发生浅层坍滑时其滑裂面受到上部土体的自重（竖向）作用力通常小于 50 kPa[120]；干湿循环过程中采用荷载块分别施加应力为 0 kPa（透水石上表面不施加竖向荷载）、12.5 kPa、25 kPa 和 50 kPa 的竖向荷载，以模拟实际边坡浅层不同深度土体的受力状态。

当试样所受上覆荷载小于 50 kPa，即考虑低应力条件时，采用静置饱和的方法，将试样放入底部垫有聚乙烯薄膜的不锈钢盘中，试样上、下两面按顺序各放置一张滤纸和一块透水石 [图 2.6（a）]；当试样所受上覆荷载大于 50 kPa，即考虑高应力条件时，受荷载块加载条件限制，将环刀样置于重叠式饱和器中进行饱和，将试样连同饱和器一并放入盛有不同 pH 溶液的土工真空饱和缸装置中抽真空饱和 24 h [图 2.6（b）]；此外，三轴样也均采用重叠式饱和器进行抽真空饱和。为使溶液与膨胀土尽量反应充分，再将试样在相应 pH 溶液中浸泡 1 周[121]。

（a）静置饱和　　　　　　　　　　　（b）抽真空饱和

图 2.6　试样饱和

2.3.2　试样脱湿方法

当试样所受上覆荷载小于 50 kPa 时，直接将试样、荷载块及托盘放入烘箱中脱湿，采用由真空泵、饱和桶和抽真空管组成的抽真空装置（图 2.7）将托盘中溶液抽干，随后在 50℃ 恒温鼓风干燥箱中进行脱湿，脱湿过程中每间隔一段时间快速测量试样的质量，以减小卸、加荷对试样的扰动。当试样所受上覆荷载大于 50 kPa，即考虑高应力条件时，受荷载块加载条件限制，此条件下上覆荷载均设置为 50 kPa。试验时，考虑最不利条件，先将饱水试样脱湿至缩限含水率 13%（误差小于 0.3%），即为完成 1 次干湿循环，如此反复直至预定干湿循环次数。图 2.8 中上护环装置的作用是为限制试样吸湿膨胀后高出环刀部分土样的侧向变形。

上护环

图 2.7　抽真空装置　　　　　　　　图 2.8　加荷装置

2.4 本章小结

（1）分析前期开展的宁明及百色两地膨胀土性试验及随地表深度土样各自 pH 实测结果，发现干湿循环条件下酸雨入渗膨胀土的深度主要集中于浅表层，最小 pH 出现在膨胀土透水与不透水层交界面处（即干湿循环下土层开裂深度），确定了 6 m 以下的膨胀土为非酸性土，奠定了后续试验用土取样深度。

（2）依托实际工程，在百色地区选定两典型膨胀土分布点钻探并分深度取土样进行土体酸碱度测试，发现距表层 1.8～6 m 深度范围膨胀土偏酸性，最小 pH 出现在干湿循环作用下表层膨胀土开裂深度附近，验证了前期研究的正确性，得到酸雨入渗百色膨胀土准确深度及土样 pH。

（3）调研相关文献获得我国酸雨分布状况及其主要化学成分，认真分析百色地区降落酸雨情况，确定了尽量符合实际的模拟入渗酸雨的配制溶液物质组成、掺配比例，配制了 pH 分别 3、5 和 7 的 3 种溶液，以备后续试验之用。

（4）根据实地调研及室内酸碱度试验确定的百色膨胀土受酸雨影响的深度范围，针对干湿循环显著影响区内土体的实际受力状态，完成试验方案的初步设计，确定了模拟酸雨干湿循环的方法。

酸雨干湿循环对膨胀土胀缩变形特性的影响

众多学者研究过不同初始含水率及干湿循环条件对膨胀土胀缩性能的影响，获得了许多有价值研究成果[122-124]，但仍有一些缺陷需要完善，如：干湿循环下的胀缩变形试验多是在无荷条件下完成的，与膨胀土边坡实际受力状态不符；部分有考虑上覆荷载的试验所用的上覆荷载偏大，同样与边坡浅层坍滑的实际边界条件（上覆压力通常小于50 kPa）不符，得不到大气干湿循环作用下膨胀土坡浅表层的真实胀缩变形；已有试验多采用重塑土样，少有开展原状土试验的，而因原状样的结构构造性，造成相同初始条件两种样的测试值存在较大差异；此外，几乎所有膨胀土胀缩性能试验均在中性水环境下进行，即使有学者做过同种试验也未计及干湿循环作用的影响。因此，酸雨干湿循环共同作用下膨胀土胀缩变形性能值得研究。

本章考虑酸雨环境的影响，开展膨胀力、无荷膨胀率和线缩率试验，研究其对百色膨胀土胀缩变形的影响；同时，还将开展酸雨干湿循环作用下的无、有荷膨胀率试验，探究酸雨环境、干湿循环及上覆压力三因素下百色土的膨胀变形特性。

3.1 原状土试验内容与方案

本次试验中酸雨环境作用下百色膨胀土胀缩性试验方案，见表 3.1。

表 3.1 酸雨环境下膨胀土胀缩性试验方案

试验项目	溶液 pH	起始含水率
无荷膨胀率	3、5、7	9%、13%、17%
膨胀力	3、5、7	9%、13%、17%
线缩率	3、5、7	浸泡 7 d 后试样的测试值

3.1.1　无荷膨胀率试验

采用薄膜袋将现场钻取的百色原状土芯样及时进行密封处理，装入专用装样筒中密封保存，如图 3.1 所示。

（a）百色原状土装样筒　　　　　　　（b）百色原状土土样

图 3.1　原状样密封处理

将现场取回的百色原状土切成直径为 61.8 mm、高为 20 mm 的标准环刀样，如图 3.2 所示。为减小试样间的差异，切取相近位置试样进行同类试验，同时称量切取试样的质量，得到对应天然含水率；为减小试样间含水率的差异，试验前统一将试样进行饱和处理。

（a）切样　　　　　　　　　　（b）环刀样

图 3.2　环刀样制备

无荷膨胀率试验在土壤膨胀仪上进行，试样饱和方法与本书 5.1.1 节表观裂隙观测试验所采用方法一致；将浸泡 1 周后的试样取出置于 50 ℃ 的鼓风干燥烘箱中，适时测量其在脱湿过程中的质量变化，分别脱湿至 9%、13% 和 17% 三种含水率（误差在 ± 0.3% 以内），随后装入土壤膨胀仪中进行无荷膨胀率试验，运用数据采集系统自动采集试验测试数据，为防止酸雨溶液腐蚀铜制装样容器，倒入溶液前先在容器内套上一薄层防渗薄膜袋（图 3.3）。

图 3.3　无荷膨胀率试验

3.1.2　膨胀力试验

采用三联高压固结仪开展膨胀力试验（图 3.4），试样制备方法同无荷膨胀率试验，试样饱和方法与本书 5.1.1 节表观裂隙观测试验所采用方法一致；试样制备、饱和及脱湿方法与无荷膨胀率试验一致，将浸泡 1 周后的试样取出置于 50 ℃ 的鼓风干燥烘箱中，适时测量其在脱湿过程中的质量变化，分别脱湿至 9%、13% 和 17% 三种含水率（误差在 ± 0.3% 以内），随后装入三联高压固结仪中进行膨胀力试验。试验中采用数显千分表进行变形量控制，采取添砂方法施加平衡荷载，具体按《公路土工试验规程》（JTG E40—2007）操作。

图 3.4　膨胀力试验

3.1.3　线缩率试验

线缩率试验参照规范《公路土工试验规程》（JTG E40—2007）进行，试样制备方法及饱和方式与膨胀力及无荷膨胀率试验一致。

3.1.4　有荷膨胀率试验

本次试验中干湿循环方法如下：采用荷载块分别施加应力为 0 kPa（透水石上表面不施加竖向荷载）、12.5 kPa、25 kPa 和 50 kPa 的竖向荷载，以模拟实际边坡不同深度土体的受力状态。首先，采用不同 pH 溶液浸泡 7 d，使试样充分吸湿饱和，再通过由真空泵、饱和桶和抽真空管组成的真空抽气系统（图 2.7）将托盘中溶液抽干，随后置于 50℃ 恒温鼓风干燥箱中脱湿，脱湿时每隔一段时间快速称量试样质量，以减小卸、加荷对试样扰动的影响。试验时，先将饱水试样脱湿至含水率不超过 13%（误差小于 0.3%），即为完成 1 次干湿循环。重复吸、脱湿至预定干湿循环次数，依据《公路土工试验规程》（JTG E40—2007）采用膨胀仪与三联高压固结仪分别开展无、有荷单向膨胀率试验。在干湿循环过程中，特设计护环装置（图 3.5）限制试样吸湿膨胀后高出环刀部分土样的侧向变形。

图 3.5　护环装置

本次设计的具体试验方案见表 3.2。

表 3.2　酸雨干湿循环作用下有无荷膨胀率试验方案

制样环境（pH）	竖向压力 /kPa	干湿循环次数/次	饱和方式	脱湿方式
3	0、12.5、25、50	1、2、3、4	有荷饱和	有荷脱湿
5	0、12.5、25、50	1、2、3、4	有荷饱和	有荷脱湿
7	0、12.5、25、50	1、2、3、4	有荷饱和	有荷脱湿

3.2　试验结果与分析

3.2.1　酸雨环境作用下试样的无荷膨胀率

起始含水率为 13% 时，不同酸雨环境下试样的无荷膨胀率随浸溶液时间的变化规律如图 3.6 所示。

分析图 3.6 可知：不同酸雨环境下试样无荷膨胀率时程曲线可分为快速膨胀、减速膨胀和缓慢膨胀 3 个阶段，与相关研究[125]所得规律一致；快速膨胀阶段中土体吸湿快速膨胀，3 种溶液浸泡下土体膨胀率变化趋势相近；减速膨胀阶段中随着土体孔隙逐渐被溶液填充，土体吸湿速率下降，土体膨胀变形减缓，此时酸雨与土粒间的化学反应仍有发生，致使土体膨胀率持续增长；缓慢膨胀阶段中化学膨胀逐渐完成，土体变形趋于稳定；酸雨 pH 减小时土样膨胀变形增大，pH 为 3、5 时试样实测无荷膨胀率分别为 19.4%、

16.6%，与中性环境下的实测值 15.6% 相比，分别增大了 24.3% 和 6.4%，表明酸雨环境能促进百色膨胀土的膨胀变形。

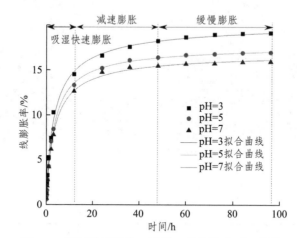

图 3.6　不同酸雨环境下试样无荷膨胀率时程曲线

李志清等[126]用 Does Response 对数模型较好地拟合了膨胀时程规律，选用与其相近的由 Verhulst 提出的 Logistic 函数模型拟合图 3.6 中不同 pH 溶液中的试样膨胀变形时程关系，模型数学表达式为：

$$\delta_t = K - \frac{K}{1+(t/f)^q} \tag{3.1}$$

式中：t 为时间（s）；δ_t 为 t 时刻对应的试样膨胀率；K、f、q 均为与土体相关的参数。

拟合结果见表 3.3，由表可知：拟合函数的判定系数均大于 0.97，表明 Logistic 模型能很好地拟合不同酸雨环境下百色膨胀土膨胀变形的时程关系。

表 3.3　Logistic 模型拟合方程

pH	拟合函数式	判定系数 R^2
3	$\delta_t = 20.46 - \dfrac{20.46}{1+(t/3.621)^{0.815}}$	0.978
5	$\delta_t = 17.53 - \dfrac{17.53}{1+(t/3.394)^{0.912}}$	0.982
7	$\delta_t = 16.55 - \dfrac{16.55}{1+(t/3.507)^{0.876}}$	0.971

不同酸雨环境下 3 种起始含水率试样变形稳定后的无荷膨胀率变化, 如图 3.7 所示。

分析图 3.7 可知: 起始含水率相同时, 随着酸雨 pH 的减小, 试样膨胀达到稳定后的无荷膨胀率均增大; 起始含水率为 9%, 酸雨 pH 分别为 3、5、7 时, 试样达到变形稳定时的无荷膨胀率分别为 25.5%、21.5% 和 20.1%; 与中性溶液相比, pH 为 3 和 5 的酸雨溶液浸泡试样的无荷膨胀率分别增加了 26.9% 和 7.0%; 起始含水率由 9% 增至 17% 时, 试样变形稳定后的无荷膨胀率均减小, 仅考虑含水率对土体膨胀变形的影响, 试样无荷膨胀率减少了 39.5%, 且不同溶液浸泡后试样无荷膨胀率之差变小; 起始含水率为 17% 时, 相比中性溶液, pH 为 3 和 5 的酸雨溶液浸泡试样的无荷膨胀率增幅分别降至 20.6% 和 5.6%。

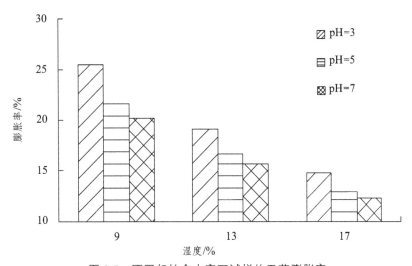

图 3.7　不同起始含水率下试样的无荷膨胀率

3.2.2　酸雨环境作用下膨胀力的变化规律

起始含水率为 13% 时, 不同酸雨环境下试样实测膨胀力随溶液浸入时间的变化曲线, 如图 3.8 所示。

分析图 3.8 可知: 3 种溶液浸泡下试样膨胀力时程变化具有明显的阶段性特征, 可分为近直线等速膨胀、减速膨胀和缓慢膨胀 3 个阶段[127]; 近直线等速膨胀阶段中土样吸湿膨胀剧烈, 其膨胀力增量占总量的 60% ~ 70%; 酸雨 pH 分别为 7、5 和 3 时, 试样膨胀力最终实测值分别为 128.3 kPa、141.9 kPa 和 176.4 kPa; 与中性溶液相比, pH 为 5 和

3 的酸雨溶液浸泡试样的膨胀力分别增长了 10.6%和 37.5%。由此可知，酸雨环境促进膨胀力增长，且环境酸性愈强，试样实测膨胀力愈大。

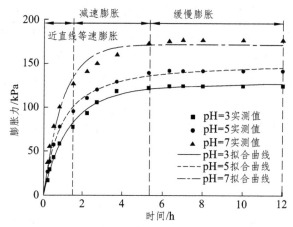

图 3.8　不同酸雨环境下试样膨胀力时程曲线

同样由 Logistic 模型拟合不同酸雨环境下试样膨胀力的时程关系，结果见表 3.4，其中：p_t 为 t 时刻对应的试样膨胀力。由表可知：拟合函数的判定系数均大于 0.94，用 Logistic 函数拟合效果较好。

表 3.4　Logistic 模型拟合方程

pH	拟合函数式	判定系数 R^2
3	$p_t = 189.1 - \dfrac{189.1}{1+(t/1.262)^{0.947}}$	0.952
5	$p_t = 151.3 - \dfrac{151.3}{1+(t/0.936)^{0.983}}$	0.959
7	$p_t = 131.4 - \dfrac{131.4}{1+(t/1.124)^{1.106}}$	0.946

不同酸雨环境下，3 种起始含水率试样经测试稳定后的膨胀力对比，如图 3.9 所示。

分析图 3.9 可知：不同酸雨环境下试样变形稳定后的膨胀力随起始含水率的变化情况与图 3.7 的类似，起始含水率为 17%，酸雨 pH 分别为 3、5、7 时，试样达到膨胀稳定时的膨胀力分别为 128.4 kPa、104.9 kPa 和 95.5 kPa，相比中性环境，该起始含水率条件下 pH 为 5 和 3 的酸雨溶液浸泡试样的膨胀力分别增长了 9.8%和 34.5%；当起始含水率从 17% 降至 9% 时，3 种溶液浸泡后试样膨胀力均明显增大；含水率的减小使得土体膨胀变形稳定时的膨胀力增加了 100.4%；考虑含水率和酸雨环境共同作用的影响，pH 为 5 和 3 的酸雨溶液浸泡试样的膨胀力分别增长了 123.8% 和 182.7%；在相同起始含水率条件下，与中性溶液相比，pH 为 5 和 3 的酸雨溶液浸泡试样的膨胀力分别增长了 11.7% 和 41.7%。这表明起始含水率越低，酸雨环境对试样膨胀变形的促进作用越显著。

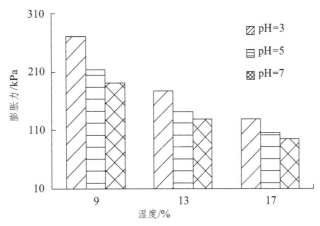

图 3.9　不同起始含水率下试样的膨胀力

3.2.3　酸雨环境作用下线缩率的变化规律

不同酸雨环境下试样含水率时程变化如图 3.10 所示。

分析图 3.10 可知：随着 pH 的下降，3 种溶液浸泡 7 d 后试样的含水率略有升高，分别为 23%、23.2% 和 24.0%，经 3 种溶液浸泡后，膨胀土的水分蒸发大致分为快速、减速和缓慢 3 个阶段。快速阶段中 3 种溶液浸泡试样水分下降的趋势接近；随着环境酸性的增强，减速阶段中水分蒸发变快，缓慢阶段中试样湿度稳定时含水率变低，表明酸雨环境能加快土中水分的蒸发。

不同酸雨环境下试样线缩率时程变化如图 3.11 所示。

分析图 3.11 可知：土样线缩率随时间的变化，其收缩过程也可分为快速、减速与残余 3 个阶段；相比中性环境，酸雨 pH 越小，快速和减速阶段试样的收缩越剧烈，残余阶段收缩至稳定时线缩率越低；酸雨 pH 分别为 3、5 和 7 时，试样实测线缩率分别为 5.03%、4.59% 和 4.30%，相比中性环境，pH 为 5 和 3 的酸雨溶液浸泡试样的线缩率增幅分别为 6.7% 和 16.9%，表明酸雨环境加剧了膨胀土的收缩变形。

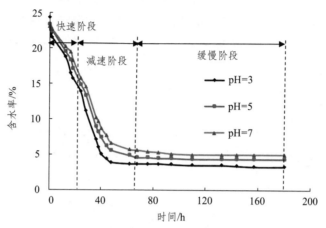

图 3.10　不同酸雨环境下试样含水率时程

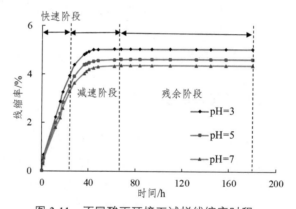

图 3.11　不同酸雨环境下试样线缩率时程

3.2.4　酸雨环境、干湿循环及上覆压力对膨胀变形的影响

4 次有、无荷干湿循环作用后试样吸湿至膨胀稳定及脱湿至预定含水率时，其高度测试结果分别见表 3.5、表 3.6。

表 3.5　试样吸湿膨胀后的高度测试结果

干湿循环次数	膨胀后绝对高度/mm											
	0 kPa			12.5 kPa			25 kPa			50 kPa		
	pH = 3	pH = 5	pH = 7	pH = 3	pH = 5	pH = 7	pH = 3	pH = 5	pH = 7	pH = 3	pH = 5	pH = 7
1	24.05	23.57	23.34	21.45	21.07	20.90	21.11	20.88	20.72	20.69	20.48	20.38
2	24.77	23.97	23.68	22.02	21.49	21.19	21.46	21.09	20.86	20.91	20.63	20.49
3	24.93	24.07	23.74	22.17	21.59	21.23	21.56	21.14	20.88	20.97	20.67	20.54
4	25.01	24.13	23.80	22.25	21.58	21.27	21.58	21.16	20.89	20.99	20.70	20.55

表 3.6　试样脱湿后的高度测试结果

干湿循环次数	膨胀后绝对高度/mm											
	0 kPa			12.5 kPa			25 kPa			50 kPa		
	pH = 3	pH = 5	pH = 7	pH = 3	pH = 5	pH = 7	pH = 3	pH = 5	pH = 7	pH = 3	pH = 5	pH = 7
1	19.92	19.88	19.86	19.75	19.73	19.68	19.73	19.70	19.69	19.71	19.69	19.67
2	20.36	20.22	20.15	20.17	20.15	20.07	20.10	19.97	19.91	19.82	19.74	19.72
3	20.73	20.52	20.44	20.62	20.43	20.33	20.38	20.20	20.10	20.04	19.87	19.82
4	20.81	20.61	20.46	20.70	20.47	20.33	20.42	20.21	20.10	20.05	19.87	19.81

3.2.4.1　酸雨干湿循环作用对无荷膨胀率时程特性的影响

根据表 3.5、表 3.6 中测试结果，绘制不同酸雨干湿作用后，试样的膨胀率与浸水时间的关系曲线，如图 3.12 所示。限于篇幅，此处只给出竖向压力为 0 kPa 时的结果。

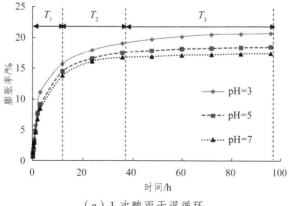

（a）1 次酸雨干湿循环

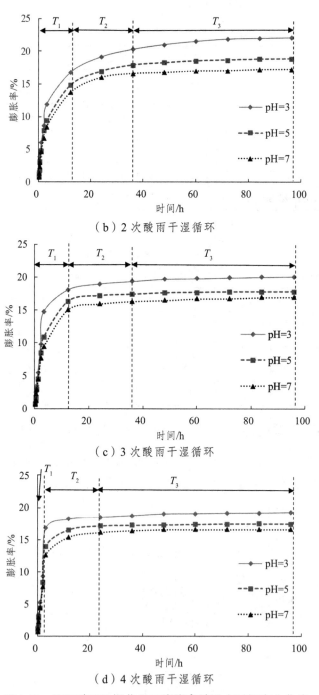

（b）2次酸雨干湿循环

（c）3次酸雨干湿循环

（d）4次酸雨干湿循环

图 3.12　不同酸雨干湿作用下膨胀率随浸水时间变化曲线

分析图 3.12 可知：干湿循环次数 n 一定时，随酸雨 pH 减小，试样膨胀率逐渐增大；当 $n=2$ 时，不同酸雨环境下试样膨胀率间的差值达到最大，且其随 n 继续增加开始减小并趋于稳定。经酸雨溶液浸泡后，试样膨胀变形大致可分为快速膨胀 T_1、减速膨胀 T_2 和缓慢膨胀 T_3 三个阶段。为便于分析，图中 T_1、T_2、T_3 阶段均以中性环境下土体膨胀变形时程规律为参照进行划分。n 一定时，随酸雨 pH 减小，T_2 阶段斜率增大，达到膨胀稳定的时间变长，该趋势在 $n=2$ 时最为显著，n 继续增加，T_1 和 T_2 阶段时间逐步缩短，土体膨胀至稳定的时间也不断缩短。这表明酸雨环境对膨胀土膨胀变形的促进作用具有时间长且并非 1 次就能作用完全的特点，经过 2 次完整的吸湿膨胀-干燥收缩过程后，土体原有结构发生破坏，土颗粒间的距离变大，增加了酸雨溶液与土颗粒之间的接触面积，表现出在经 2 次干湿循环作用后的吸湿膨胀过程中，试样膨胀率随酸雨 pH 减小呈显著变大趋势。

3.2.4.2　酸雨干湿循环作用对膨胀率的影响

根据表 3.5、表 3.6，绘制不同酸雨干湿作用下试样的无荷膨胀率 δ_{ai} 随干湿循环次数的关系曲线，如图 3.13 所示。

由图 3.13 可见：随干湿循环次数 n 增加，不同酸雨环境作用下试样的无荷膨胀率均先增加后逐渐趋于稳定，且酸雨 pH 越小，膨胀率越大；前 2 次干湿循环作用后膨胀率的增幅最大，$n=2$ 时，pH 为 3 和 5 的实测膨胀率分别为 23.6% 和 20.8%，比 pH 为 7 时的 19.2% 分别增长了 22.9% 和 8.3%；n 增至 4 次时，与 pH 为 7 时相比，pH 为 3 和 5 的实测膨胀率增幅变为 31.7% 和 10.1%，表明酸雨干湿循环作用对膨胀土膨胀变形影响显著。

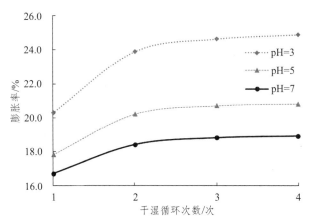

图 3.13　酸雨干湿循环作用下试样的膨胀率

3.2.4.3 酸雨干湿循环作用下不同上覆压力对膨胀率的影响

不同上覆压力条件下试样膨胀率随酸雨干湿循环的变化，如图 3.14 所示。

由图 3.14 可知：随上覆压力增加，不同酸雨干湿循环作用下试样的膨胀率下降明显，上覆压力由 0 kPa 增加至 12.5 kPa 时，4 次干湿循环作用后，pH 为 3、5 和 7 的膨胀率分别由 24.5%、21.4% 和 19.9% 降至 12.4%、8.9% 和 7.0%，降幅达 97.6%、140.4% 与 184.3%。这是因施加的上覆荷载对膨胀土吸湿膨胀受阻时产生膨胀力起到了一定的抵消作用，使膨胀土颗粒间隙变小，孔隙率下降，吸湿能力降低，颗粒与溶液的接触面积减小，土水化学作用减弱，从而限制了试样的膨胀变形，导致酸雨干湿循环对百色膨胀土膨胀变形的促进作用不断减弱。

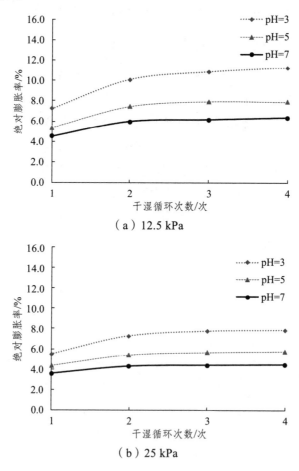

（a）12.5 kPa

（b）25 kPa

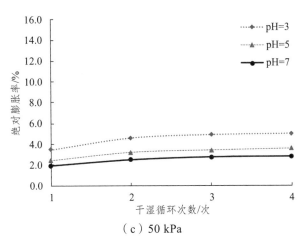

（c）50 kPa

图 3.14　酸雨干湿循环及上覆压力共同作用下的膨胀率

3.2.4.4　酸雨环境、干湿循环及上覆压力三因素对膨胀变形的影响分析

pH 为 3 和 pH 为 7 环境干湿循环作用不同上覆压力（0 kPa 和 50 kPa）的膨胀率结果见表 3.7。

由表 3.7 可知：考虑酸雨环境的影响，酸雨 pH 从 7 降至 3 时，1 次干湿循环试样膨胀率由 16.7%增大到 19.5%，增幅为 16.8%；仅考虑干湿循环作用的影响，n 增至 4 次时，中性环境下试样膨胀率增长了 19.2%；考虑酸雨环境和干湿循环共同作用的影响，4 次酸雨环境（pH = 3）干湿循环作用试样膨胀率（24.5%）比 1 次中性环境干湿循环作用的（16.7%）增长了 46.7%。这表明酸雨环境、干湿循环及二者的叠加效应对百色膨胀土的无荷膨胀变形均有一定的促进作用，其中酸雨干湿循环作用（叠加效应）最显著。

表 3.7　不同条件作用下试样的膨胀率

| 干湿循环次数/次 | 膨胀率/% | | | | | | 差值比 ξ_1 / ξ_2 |
| | 0 kPa | | | 50 kPa | | | |
	pH = 3	pH = 7	差值 ξ_1	pH = 3	pH = 7	差值 ξ_2	
1	19.5	16.7	2.8	3.5	1.9	1.6	1.75
2	23.6	19.2	4.4	4.6	2.4	2.2	2.00
3	24.3	19.8	4.5	4.8	2.7	2.1	2.12
4	24.5	19.9	4.6	4.8	2.8	2.0	2.30
（n = 4）增幅	25.6%	19.2%	64.3%	37.1%	47.4%	25.0%	31.4%

表 3.7 中定义差值 ξ 表征酸雨环境对土体膨胀变形的促进幅度，定义差值比 ξ_1/ξ_2 表征上覆压力对膨胀变形的影响。由表 3.7 易知：当酸雨 pH 从 7 降至 3 时，ξ 随 n 增加先显著增大后趋于稳定；50 kPa 上覆压力作用的 ξ 显著小于 0 kPa 的；差值比 ξ_1/ξ_2 随 n 增大而增大，4 次干湿循环作用后，当上覆压力从 0 kPa 增至 50 kPa 时，其达到 2.30。这表明对实际膨胀土边坡工程而言，酸雨环境会使边坡浅表层土体的膨胀变形增大，而对深层土体影响较小。

3.3 本章小结

（1）酸雨入渗促进了百色膨胀土的膨胀变形，随酸雨 pH 减小，土样膨胀变形增大，达到膨胀变形稳定所需时间增加；pH 为 3、5 时实测试样的无荷膨胀率分别为 19.4%、16.6%，与中性环境下的实测值 15.6% 相比，分别增大了 24.3% 和 6.4%；起始含水率越低，酸雨入渗对试样膨胀变形的促进作用越显著。

（2）3 种 pH 溶液浸泡下试样膨胀力时程变化具有明显的阶段性特征，其中近直线等速膨胀阶段的土样吸湿膨胀最剧烈，其膨胀力增量约占其总量的 60% ~ 70%；酸雨入渗促进了膨胀力增长，且酸雨 pH 越小，实际测得试样膨胀力越大。

（3）酸雨环境下试样的脱湿过程水分蒸发加快，试样收缩达到稳定时的含水率降低。酸雨 pH 越小，在含水率时程曲线中，试样在减速阶段水分蒸发越快，在缓慢阶段湿度达到稳定时含水率越低；同样酸雨的 pH 越小，在线缩率时程曲线中，快速及减速阶段试样的收缩越剧烈，残余阶段收缩达到稳定时，线缩率越小。

（4）酸雨环境与干湿循环叠加后对膨胀土无荷膨胀变形的促进作用最大。随干湿循环作用次数增加，浸泡在不同 pH 溶液中的试样，其膨胀率均先增加后渐趋稳定，且经 2 次作用的增幅最大；在低应力条件下，上覆压力对膨胀率的抑制作用明显。

酸雨干湿循环对膨胀土抗剪强度的影响

众所周知，边坡的稳定性很大程度上取决于土的抗剪强度，膨胀土不仅具有一般黏土的基本性质，其抗剪强度还呈较复杂的变动特性[128]。许多学者对此做过深入研究，已取得不少有益成果[129-133]。然而，膨胀土这一复杂的强度特性，除与其矿物成分、微观结构等自身条件相关外，很大程度上还受土样的含水率、干密度及所受竖直压力等诸多因素影响。而在已有工程实例中，岩土体遭受酸雨侵蚀作用后，其工程性质恶化，为修建于其上的边坡、基础工程等带来许多始料未及的地质灾害。但在目前针对膨胀土抗剪强度的试验研究中，计及酸雨入渗影响的还不多。目前尚无考虑酸雨入渗与干湿循环共同作用下膨胀土抗剪强度怎样衰减的研究报道，而弄清上述条件下膨胀土性能的劣化机理对分析边坡的稳定性至关重要。

本章基于膨胀土边坡浅层坍滑频发的现状，开展酸雨入渗膨胀土的固结排水三轴试验，探究酸雨入渗条件对膨胀土应力-应变特性的影响。此外，考虑酸雨入渗、干湿循环及低应力三因素的作用，开展膨胀土的饱和慢剪试验，探究三因素综合作用下百色膨胀土抗剪强度的衰减特征。

4.1 试验内容与方案

4.1.1 固结排水三轴试验

4.1.1.1 试样制备

将现场取回的百色原状土切成直径为 19.5 mm、高度为 15 mm 的三轴样，装入三轴饱和器中（图 4.1），为试样饱和做准备。

（a）切取百色原状土试样 　　　　　　（b）三轴饱和器

图 4.1 　三轴样制备

4.1.1.2 　试验方案

本节采用 GDS 饱和三轴仪开展不同酸雨环境作用下固结排水三轴试验[图 4.2(a)]。为模拟大气干湿循环作用下实际边坡不同深度土体的受力状态，试验围压分别设置为 12.5 kPa、25 kPa、50 kPa、100 kPa 和 200 kPa，设置 12.5 kPa、25 kPa、50 kPa 低围压用于模拟边坡浅表层膨胀土受力状态，设置 100 kPa 和 200 kPa 围压用于模拟深层土体受力状态，剪切速率为 0.003 mm/min。在正式开始剪切试验前需对试件进行饱和处理：先将切好的三轴样装入饱和器中，随后置于盛有不同酸雨溶液（pH 为 3、5、7）的容器中抽真空饱和 24 h；再将试样在相应 pH 溶液中浸泡 1 周，取出浸泡 1 周后的试样，将其脱模并套入橡皮膜后装入围压室中［图 4.2（b）］；围压室内注入蒸馏水，再采用反压饱和法使试样达到完全饱和。具体参照《公路土工试验规程》（JTG E40—2007）进行固结排水三轴试验。

本次设计的具体试验方案见表 4.1。

表 4.1 　不同酸雨环境作用下固结排水三轴试验方案

制样环境（pH）	试验围压/kPa	饱和条件
3		
5	12.5、25、50、100、200	抽真空饱 2 h，再静置饱和 1 周
7		

（a）固结排水三轴试验　　　　　　（b）固结排水三轴试验装样

图 4.2　固结排水三轴试验装置

4.1.2　饱和慢剪试验

4.1.2.1　试样制备

试样制备方法同本书 3.1 节无荷膨胀率试验。

4.1.2.2　试验方案

采用四联电动直剪仪开展酸雨干湿循环作用下饱和慢剪试验（图 4.3），试验上覆压力分别设为 6.25 kPa、12.50 kPa、25.00 kPa 和 50.00 kPa，以探究实际边坡浅层土体经不同酸雨干湿循环作用后的强度衰减规律。剪切速率为 0.02 mm/min。根据本书 2.3 节酸雨干湿循环模拟方法，对试样施加有荷条件下的干湿循环作用，首先将试样放置盛有不同 pH 溶液（pH 为 3、5、7）的托盘中静置饱和 1 周 [图 2.6（a）]，再将饱水试样脱湿至缩限含水率 13%（误差小于 0.3%），即为完成 1 次干湿循环，如此反复直至预定干湿循环次数。考虑到干湿循环周期偏长，本次试验选取 0、2、4 和 6 次干湿循环试样进行饱和慢剪试验。

图 4.3　四联电动直剪仪

本次设计的具体试验方案见表 4.2。

表 4.2　酸雨干湿循环作用下饱和慢剪试验方案

制样环境（pH）	竖向压力/kPa	干湿循环次数/次	饱和方式	脱湿方式
3				
5	6.25、12.5、25、50	0、1、2、3、4、5、6	有荷饱和	有荷脱湿
7				

4.2　试验结果与分析

4.2.1　酸雨环境作用下土体应力-应变的变化规律

4.2.1.1　不同试验围压的应力-应变

图 4.4 所示为不同试验围压（σ_3）作用下，偏应力（$\sigma_1 - \sigma_3$）随轴向应变的变化关系曲线。

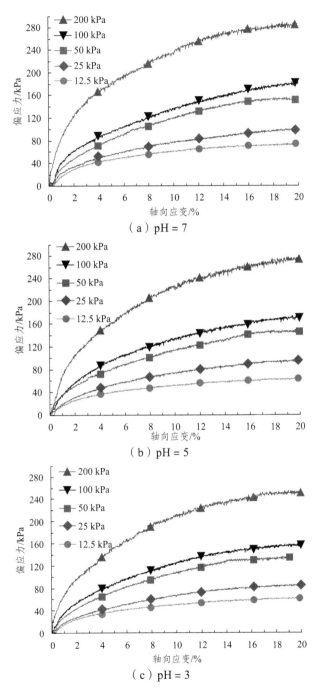

（a）pH = 7

（b）pH = 5

（c）pH = 3

图 4.4　酸雨环境作用不同试验围压的应力-应变关系

由图 4.4 可知：3 种 pH 溶液环境作用试样的轴向应变随偏应力的增加均表现出应变硬化特征；各级试验围压作用试样的偏应力均随轴向应变的增加而增大，试验围压越大，初始模量越大，且试样破坏时所受应力也越大。究其原因是试样受剪切前，其所受试验围压越大，试样压缩量也越大，导致其相对密度增加，提升了抗剪切变形的能力。轴向应变超过 15% 后，在 3 种 pH 溶液环境作用下，试验围压超过 50 kPa 的主应力仍出现增长，其余围压作用试样的主应力差逐渐趋于平缓。

4.2.1.2　相同试验围压的应力-应变

绘制某一具体试验围压（12.5 kPa、25 kPa、50 kPa、100 kPa、200 kPa）条件下，溶液 pH 分别为 3、5、7 作用试样的应力-应变关系曲线，如图 4.5 所示。

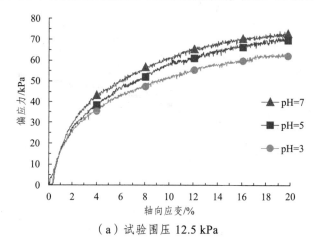

（a）试验围压 12.5 kPa

（b）试验围压 25 kPa

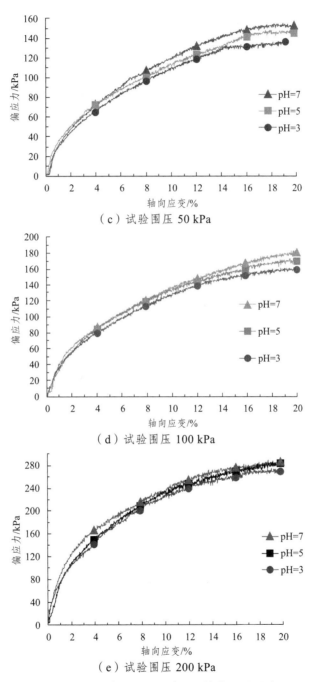

（c）试验围压 50 kPa

（d）试验围压 100 kPa

（e）试验围压 200 kPa

图 4.5 相同试验围压下酸雨环境作用的影响

分析图 4.5 可知：在各级试验围压作用下，相比 pH 为 7 的中性溶液，经 pH 为 3 和 5 的酸雨环境作用试样在相同轴向应变位置对应的偏应力下降，且随酸雨 pH 减小，试样的偏应力下降越明显，当轴向应变达到 20% 时，对应的峰值应力（$\sigma_1 - \sigma_3$）值最小。同时，我们发现随试验围压增大，3 种 pH 溶液作用下试样的偏应力间的差值呈现减小趋势。当试验围压为 12.5 kPa 时，pH 为 3、5、7 溶液作用下的试样偏应力（$\sigma_1 - \sigma_3$）分别为 63.0 kPa、69.4 kPa、72.4 kPa，相比 pH 为 7 的中性溶液，pH 为 3 和 5 酸雨溶液浸泡试样的偏应力分别下降了 13.0% 和 4.1%；当试验围压增至 200 kPa 时，与 pH 为 7 的中性溶液相比，pH 为 3 和 5 酸雨溶液浸泡试样的偏应力（$\sigma_1 - \sigma_3$）分别下降了 4.0% 和 1.1%。这说明低围压条件下酸雨对土体应力与变形的影响更明显。

4.2.1.3 抗剪强度参数分析

表 4.3 为不同酸雨环境及围压条件下百色膨胀土固结排水三轴试验应力测试值。为研究酸雨环境及围压对抗剪强度参数的影响，根据表 4.3 的试验结果，采用双直线法分别绘制低围压段（12.5 kPa、25 kPa 和 50 kPa）、高围压段（50 kPa、100 kPa 和 200 kPa）两种线性拟合线及拟合方程，分别如图 4.6 和表 4.4 所示。

表 4.3　固结排水三轴试验应力值

pH	应力特征值/kPa	试验围压 σ_3/kPa				
		12.5	25	50	100	200
3	σ_1	75.5	109.6	187.6	260.8	453.0
	$(\sigma_1 + \sigma_2)/2$	44.0	67.34	118.8	180.4	326.5
	$(\sigma_1 - \sigma_2)/2$	31.5	42.3	68.8	80.4	126.5
5	σ_1	82.0	118.1	197.3	272.1	472.0
	$(\sigma_1 + \sigma_2)/2$	47.2	71.5	123.6	186.0	336.0
	$(\sigma_1 - \sigma_2)/2$	34.7	46.5	73.6	86.0	136.0
7	σ_1	84.8	124.6	202.7	281.0	486.0
	$(\sigma_1 + \sigma_2)/2$	48.7	74.8	126.4	190.5	343.0
	$(\sigma_1 - \sigma_2)/2$	36.2	49.8	76.4	90.5	143.0

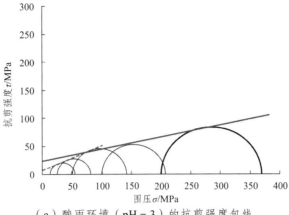

（a）酸雨环境（pH = 3）的抗剪强度包线

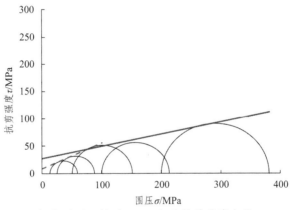

（b）酸雨环境（pH = 5）的抗剪强度包线

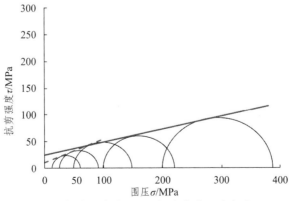

（c）中性环境（pH = 7）的抗剪强度包线

图 4.6　不同 pH 环境下的抗剪强度包线

表 4.4　酸雨环境作用下百色膨胀土抗剪强度包线双直线拟合参数

pH	拟合直线方程		抗剪强度参数			
	低围压段	高围压段	低围压段		高围压段	
			c/kPa	φ/(°)	c/kPa	φ/(°)
3	$y_1 = 0.580x+12.58$	$y_2 = 0.297x+40.73$	10.5	30.3	33.9	16.5
5	$y_1 = 0.594x+14.45$	$y_2 = 0.316x+42.53$	12.0	30.8	35.4	17.5
7	$y_1 = 0.604x+15.49$	$y_2 = 0.331x+43.18$	12.9	31.1	36.0	18.3

分析图 4.6 及表 4.4 可知：在不同酸雨环境下百色膨胀土在高、低围压段的抗剪强度变化规律相同，采用双直线法拟合得到的低围压段黏聚力值约为高围压段的三分之一，拟合得到的低围压段内摩擦角约为高围压段的两倍。

酸雨环境导致百色膨胀土黏聚力及内摩擦角均降低，黏聚力降幅比内摩擦角更明显。低围压段时，土体的黏聚力由 pH 为 7 时的 12.9 kPa，降至 pH 为 5 时的 12.0 kPa 和 pH 为 3 时的 10.5 kPa；与 pH 为 7 的中性环境相比，pH 为 5 和 3 的试样黏聚力分别下降 7.0%、18.6%；而试样处于高围压段时，pH 为 5 和 3 的试样黏聚力比 pH 为 7 时分别下降 1.7%和 5.8%。上述结果表明，相比高围压条件，低围压条件下酸雨环境导致百色膨胀土抗剪强度的衰减幅度更显著。

4.2.2　酸雨干湿循环作用对土体抗剪强度的影响

4.2.2.1　抗剪强度的变化规律

表 4.5 为低应力条件下，不同酸雨干湿循环作用试样峰值抗剪强度 τ 值（kPa）的实测结果。

表 4.5　饱和慢剪试验结果（τ 值）

施剪时竖直应力/kPa	0 次循环			2 次循环			4 次循环			6 次循环		
	pH			pH			pH			pH		
	7	5	3	7	5	3	7	5	3	7	5	3
6.25	22.02	20.01	17.98	12.76	10.92	9.44	8.66	8.01	7.11	7.88	7.01	6.11
12.5	30.18	28.29	27.15	19.56	17.70	15.72	14.73	13.87	12.46	13.53	12.16	11.02
25	41.56	39.86	38.75	31.15	28.12	24.55	25.02	23.14	20.89	23.73	21.97	19.18
50	50.72	49.24	48.47	40.42	38.28	35.93	35.98	33.97	30.27	34.41	32.22	28.59

根据表 4.5 试验结果，绘制干湿循环条件不同上覆压力作用下试样峰值抗剪强度 τ 值随酸雨 pH 的变化关系，如图 4.7 所示。

由表 4.5 及图 4.7 可知：随酸雨 pH 减小，不同干湿循环次数各上覆压力作用的试样 τ 值均逐步减小；当 $n = 0$，酸雨 pH 由 7 降至 5、3 时，6.25 kPa 上覆压力作用试样 τ 值由 22.01 kPa 分别降至 20.01 kPa、17.98 kPa，降幅分别为 9.1%、18.3%；12.5 kPa 上覆压力作用试样 τ 值由 30.18 kPa 分别降至 28.29 kPa、27.15 kPa，降幅为 6.3%、10.0%；25 kPa 上覆压力作用试样 τ 值由 41.56 kPa 分别降至 39.86 kPa、38.75 kPa，降幅为 4.1%、6.8%。

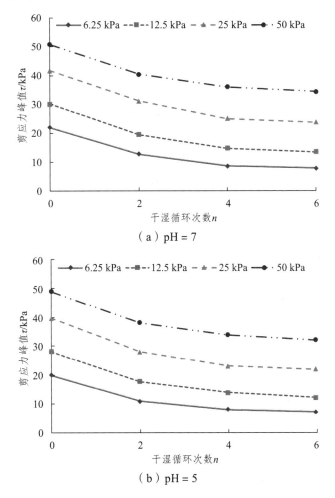

（a）pH = 7

（b）pH = 5

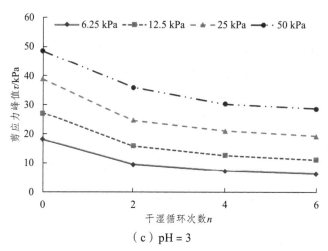

（c）pH = 3

图 4.7　酸雨干湿循环作用下试样抗剪强度随干湿循环变化

当酸雨 pH 为 3，上覆压力由 6.25 kPa 增至 50 kPa 时，前者 τ 值降幅达后者的 4.14 倍，说明上覆压力将抑制试样抗剪强度衰减。

不同酸雨环境作用，试样 τ 值均随 n 增加不断减小，且干湿循环作用 2 次的降幅最大，而后逐渐减缓，并在作用 6 次后基本达到稳定。$n = 2$ 且上覆压力为 6.25 kPa 时，酸雨 pH 为 5 和 3 作用试样 τ 值比 pH 为 7 的试样分别下降 14.45% 和 26.01%，且 pH 越小，τ 值随 n 增加下降的速度越快；50 kPa 上覆压力作用，酸雨 pH 为 5 和 3 作用试样 τ 值比 pH 为 7 的试样分别下降 5.3% 和 11.1%。$n = 4$ 且上覆压力为 6.25 kPa 时，与 pH 为 7 的试样相比，酸雨 pH 为 3 作用试样 τ 值由 8.66 kPa 降至 7.11 kPa，降幅为 17.9%；n 增至 6 次时，该降幅变为 22.5%。

因膨胀土吸湿体积膨胀受阻时产生膨胀力，当施加的上覆压力小于膨胀力时，土样发生体胀，土颗粒间隙变大，孔隙率变大，这增大了颗粒与酸雨的接触面积，使其抗剪强度在酸雨干湿循环作用下降幅更大。此外，干湿循环次数 n 增加，试样裂隙不断发育，为酸雨入渗提供了便捷通道，土水化学反应更充分，刘华强等[145]指出干湿循环过程中膨胀土裂隙发育呈先快后慢的趋势，这可能是导致抗剪强度在 2 次循环时衰减幅度普遍较大的影响因素。

4.2.2.2　抗剪强度参数的影响

采用直线法拟合表 4.5 中饱和慢剪试验结果，拟合结果如图 4.8 所示。

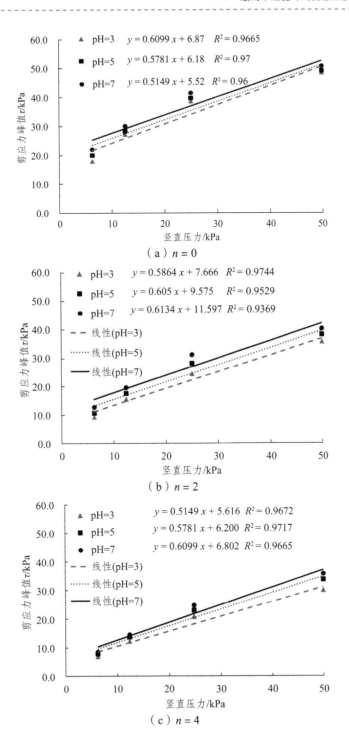

（a）$n = 0$

（b）$n = 2$

（c）$n = 4$

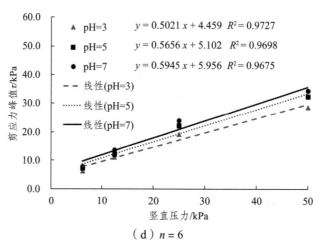

（d）$n = 6$

图 4.8　不同干湿循环作用下试样剪应力峰值拟合曲线

根据图 4.8 得到不同酸雨环境作用抗剪强度参数黏聚力 c 和内摩擦角 φ 测试值，如表 4.6 所示。

表 4.6　不同酸雨环境作用抗剪强度参数黏聚力 c 和内摩擦角 φ

抗剪强度参数	0 次循环			2 次循环			4 次循环			6 次循环		
	pH			pH			pH			pH		
	7	5	3	7	5	3	7	5	3	7	5	3
c/kPa	21.43	19.39	17.91	11.80	9.94	8.12	6.87	6.18	5.5	5.95	5.05	4.45
φ/（°）	31.94	32.55	32.50	31.42	29.96	28.81	31.38	39.68	27.83	30.88	29.51	27.11

根据表 4.6 抗剪强度参数结果，绘制得到不同酸雨环境作用试样的抗剪强度参数（黏聚力 c 和内摩擦角 φ）随干湿循环作用次数 n 的变化关系，分别如图 4.9 和图 4.10 所示。

分析图 4.9 可知：不同酸雨环境下试样 c 值均随 n 增加而减小，且 pH 越小，降幅越大；$n = 0$ 时，pH 为 5 和 3 时，试样黏聚力分别比中性环境的下降了 8.0% 和 18.3%。干湿循环作用 2 次时，c 值的降幅最大，即 $n = 2$ 时 pH 为 5 和 3 酸雨作用试样 c 值分别为 9.94 kPa 和 8.12 kPa，比 pH 为 7 的 11.80 kPa 下降了 15.2% 和 31.2%；n 增至 4 次时，与 pH 为 7 的 6.87 kPa 相比，pH 为 5 和 3 酸雨作用试样 c 值分别下降 10.4% 和 19.9%；n 增至 6 次时，3 种 pH 酸雨环境下试样的 c 值基本稳定。

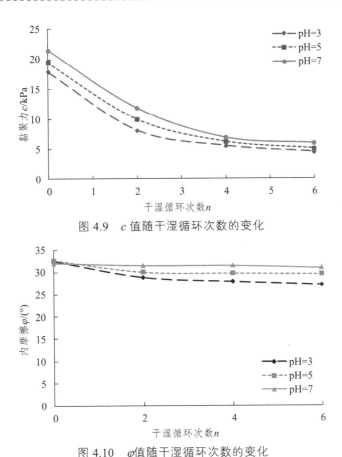

图 4.9　c 值随干湿循环次数的变化

图 4.10　φ 值随干湿循环次数的变化

由图 4.10 发现，随 n 增加，不同酸雨环境作用试样 φ 值均下降，前两次干湿循环作用的降幅大，随后趋于稳定：$n=2$ 时，pH 为 5 和 3 酸雨作用试样 φ 值为 29.96° 和 28.81° 分别比 pH 为 7 的 31.42° 下降 4.6% 和 8.3%；n 增至 6 次时，与 pH 为 7 的 30.881° 相比，pH 为 5 酸雨作用试样 φ 值下降 4.4%，但 pH 越小，降幅越大。

这表明随 n 增加，膨胀土抗剪强度的降低主要表现为黏聚力的降低，与文献[134]的研究结论相一致；酸雨环境作用使土体黏聚力进一步下降，且干湿循环作用将加剧 c 值的衰减，肖杰等[135]指出正是 c 值的急剧降低导致了膨胀土堑坡的浅层坍滑破坏，对于实际膨胀土边坡，酸雨环境作用下可加速其发生坍滑破坏。

4.2.2.3　抗剪强度衰减规律分析

为定量分析酸雨干湿循环作用下，不同干湿循环次数作用百色原状膨胀土的抗剪强度衰减规律，给出强度绝对衰减率 $\Delta_{(n,u,k)}$ 的定义：

$$\Delta_{(n,u,k)} = \left(1 - \frac{\tau_{(n,u,k)}}{\tau_{(0,7,k)}}\right) \times 100\% \tag{4.1}$$

式中：n 为干湿循环次数；u 为 pH；k 为施剪时试样所受上覆压力；$\tau_{(n,u,k)}$ 为试样在干湿循环次数为 n、酸雨 pH $= u$ 且受上覆压力为 k 时的抗剪强度。

根据式（4.1）及表 4.5 饱和慢剪试验结果，计算得到不同 pH 酸雨环境、不同上覆压力（6.25 kPa、12.5 kPa、25 kPa、50 kPa）作用试样的绝对衰减率与干湿循环次数的关系曲线，如图 4.11 所示。

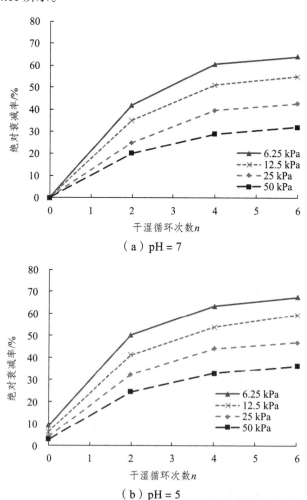

（a）pH = 7

（b）pH = 5

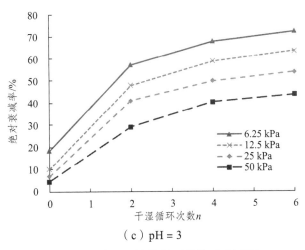

（c）pH = 3

图 4.11　酸雨环境作用下的绝对衰减率

　　由图 4.11 可知：试样抗剪强度的绝对衰减率 $\varDelta_{(n,u,k)}$ 随酸雨 pH 减小而逐步增大；n 一定时，不同酸雨环境作用下 $\varDelta_{(n,u,k)}$ 均随上覆压力增大而减小，这说明上覆压力对试样的强度衰减起到了抑制作用；上覆压力一定时，不同酸雨环境作用下 $\varDelta_{(n,u,k)}$ 随 n 的增加而渐增，在每 2 次干湿循环后的衰减幅度逐次变小。当 $n = 2$ 时，pH 为 3、7 溶液环境 6.25 kPa 上覆压力作用试样的 $\varDelta_{(n,u,k)}$ 分别为 57.1% 和 40.2%，当上覆压力增至 50 kPa 时，$\varDelta_{(n,u,k)}$ 分别降至 29.1% 和 20.3%。这说明酸雨环境作用加剧了膨胀土强度的衰减，对实际膨胀土边坡工程而言，酸雨入渗作用对边坡浅层土体的强度衰减最明显，该影响随土层深度的增加而逐渐减弱。

4.3　本章小结

　　（1）3 种 pH 溶液作用膨胀土样的轴向应变随偏应力的增加均呈现应变硬化特征，酸雨环境作用试样的峰值应力下降，且随酸雨 pH 减小，衰减趋势加剧。

　　（2）低围压条件下酸雨对膨胀土应力与变形的影响更明显。试验围压为 12.5 kPa 时，相比中性溶液，pH 为 3 和 5 的酸雨作用试样峰值应力分别下降了 13.0% 和 4.1%；当试验围压增至 200 kPa 时，与 pH 为 7 的中性溶液相比，pH 为 3 和 5 酸雨溶液浸泡试样的峰值应力分别下降了 4.0% 和 1.1%。

　　（3）酸雨入渗导致百色膨胀土黏聚力及内摩擦角均出现下降，且黏聚力降幅更明显。

黏聚力随 n 增加而减小，干湿循环作用 2 次时出现最大降幅；$n = 2$ 时，pH 为 5 和 3 酸雨作用试样的黏聚力比 pH 为 7 的试样分别下降 15.2% 和 31.2%，而内摩擦角出现小幅下降，膨胀土抗剪强度的衰减主要表现为黏聚力的降低。

（4）膨胀土抗剪强度的绝对衰减率随酸雨 pH 减小而增大；干湿循环次数一定时，3 种 pH 溶液作用试样的绝对衰减率均随上覆压力增大而减小，上覆压力对试样的强度衰减起到了抑制作用。

酸雨干湿循环对膨胀土裂隙性的影响

近年来，学者们通过高清数码相机成像、CT（计算机体层成像）、超声波、电导法等技术手段，运用 IPP、GIAS、MATLAB 图像软件及分型理论，研究膨胀土的裂隙形态特征、空间分布及动态演化过程，取得了丰硕成果[136-146]。膨胀土的工程问题研究表明，土中裂隙的存在及发展，是导致边坡频繁失稳的主要原因之一，裂隙的发育加速了土体结构破坏并为雨水入渗提供了便利，而大气的干湿交替作用进一步加剧了土中裂隙的发育与扩张，造成浅表层土体强度大幅下降，使膨胀土堑坡坍滑成为工程"癌症"。

经大气干湿循环作用的膨胀土边坡，其浅表层土体中裂隙纵横交错，为酸雨入渗提供了便捷通道，渗入的酸雨使膨胀土的抗剪强度大幅衰减，将加速工程边坡发生浅层坍滑的进程。以往学者们研究膨胀土的裂隙性，针对的只是湿度、温度、干密度及干湿循环等因素变化对其影响，所有工作均未考虑酸雨入渗作用。虽然目前已有开展酸雨环境下膨胀土物理力学性能的试验研究，但对酸雨作用下膨胀土结构的变化将受何种影响或如何促进土中裂隙的发育仍不得而知，更不用说研究酸雨与干湿循环共同作用对膨胀土裂隙发育的影响。弄清上述条件下膨胀土裂隙的发育规律及影响机制，对建立或完善酸雨区膨胀土堑坡的稳定性分析方法意义重大。

为此，本章选取广西酸雨重灾区的百色原状膨胀土为对象，室内设置固定拍照数码相机，开展酸雨与干湿循环条件下膨胀土的裂隙发育观测试验，采用 IPP（Image-Pro Plus）图像处理软件，定量分析脱湿过程中其裂隙特征参数的变化，获取酸雨干湿循环作用下膨胀土裂隙的发育规律。

5.1 表观裂隙观测试验

5.1.1 试验方案

将现场取回的百色原状土切成直径为 61.8 mm、高为 20 mm 的标准环刀样，装入重叠式饱和器中（图 5.1），为试样饱和做准备。

试样饱和过程：根据本书 2.3 节酸雨干湿循环模拟方法，将试样上、下两面按顺序各放置一张滤纸和一块透水石，置入重叠式饱和器（图 5.1）；将各饱和器分别放入真空饱和缸，且缸中分别盛有 pH 为 3、5、7 的溶液，实施 24 h 抽真空饱和；为使溶液与土充分反应，将各试样再置入相应酸液浸泡 1 周，即完成一次饱和。

试样脱湿及裂隙观测：取出饱和试样并卸去饱和器装置，将带透水石试样放入 50 ℃恒温箱中脱湿（图 5.2）；适时取出试样称重，监测其含水率变化；逐级将不同脱湿样置于拍摄最佳位置记录其裂隙变化，完成 1、2、3、4 次干湿循环样的观测记录。

图 5.1 重叠式饱和器

图 5.2 试样脱湿

本次设计的具体试验方案见表 5.1。

表 5.1 表观裂隙观测试验方案

制样环境（pH）	干湿循环次数/次	饱和方式	脱湿方式
3			
5	0、1、2、3、4	抽真空饱 2 h，再静置饱和 1 周	无荷脱湿
7			

图 5.3 所示为自行设计的固定式拍照装置。为减少拍摄过程中因试样位置、摄像距离变动及相机抖动带来的拍摄误差，特制固定支架，将高分辨率数码相机固定于支架末端；反复调试拍摄效果确定试样放置最佳位置；为保证拍照时采光条件，置 2 盏补光灯于试样两侧合适部位。

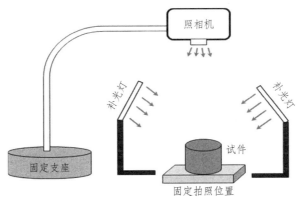

图 5.3　拍照装置示意

5.1.2　试样表观裂隙特征参数提取方法

本节采用 Image-Pro Plus（IPP）图像处理软件提取试样裂隙图片中裂隙特征参数。Image-Pro Plus 软件是美国 Media Cybernetics 公司开发的图像分析软件，广泛应用于医学、生物学、工业、土木工程等专业领域。该软件具有误差小、测量参数多等优点，可以满足多个领域图像处理的要求，且可以应对来自数码相机等不同图像采集设备的图像，可快速将图像信号转化为数字信号进行定量分析；根据用户需求，该软件可对目标区域进行自动或手动跟踪和计算对象并测量对象属性，不需要其他软件进行前期加工或后期处理，简化了图像处理过程。图 5.4 所示为 IPP 图像分析处理流程。

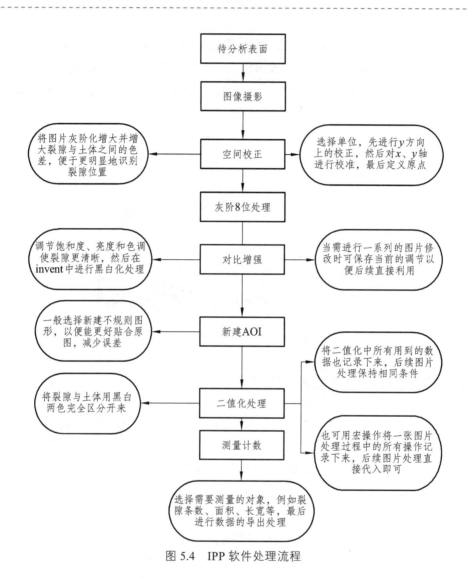

图 5.4　IPP 软件处理流程

5.2　试验结果与分析

　　限于篇幅，此处仅列出经 1 次和 4 次酸雨（pH 为 3、5、7）干湿循环作用试样在脱湿过程中的表观裂隙图片，如图 5.5、图 5.6 所示。

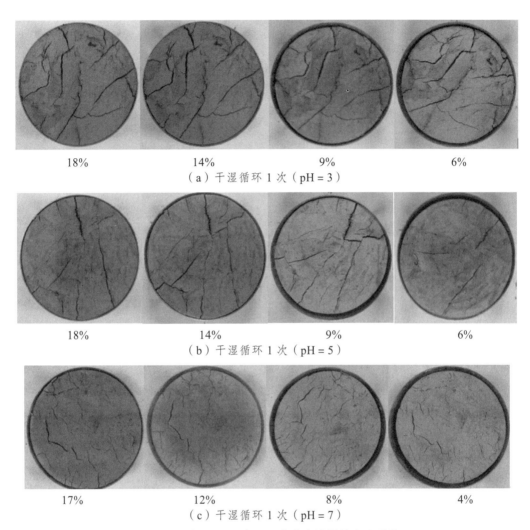

（a）干湿循环 1 次（pH = 3）

（b）干湿循环 1 次（pH = 5）

（c）干湿循环 1 次（pH = 7）

图 5.5　干湿循环 1 次不同含水率试样的表观裂隙

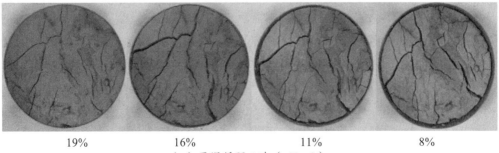

（a）干湿循环 4 次（pH = 3）

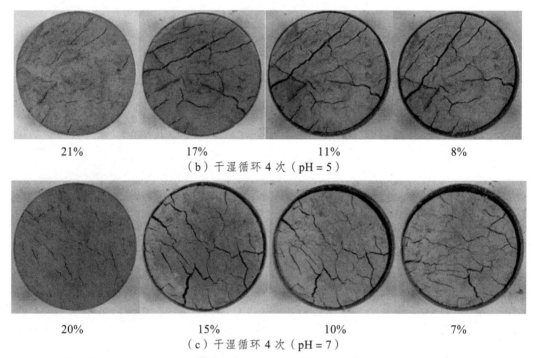

| 21% | 17% | 11% | 8% |

（b）干湿循环 4 次（pH = 5）

| 20% | 15% | 10% | 7% |

（c）干湿循环 4 次（pH = 7）

图 5.6　干湿循环 4 次不同含水率试样的表观裂隙

　　横向比对图 5.5 可知：干湿循环次数 $n = 1$ 时，随试样脱湿其含水率的减小，3 种不同 pH 环境下裂隙的开展趋势整体相同，其规律为随试样含水率的降低其初裂隙发育急剧增大；随后试样含水率继续下降，因受收缩变形影响，其裂隙扩张（长与宽）的速度均逐步变小，这与许锡昌等[147]的同类试验研究所得变化规律相同。

　　纵向比对图 5.6（a）、（b）、（c）可知：3 种 pH 下各试样的裂隙发育状态是酸雨 pH 越小，脱湿过程中裂隙发育越剧烈，酸雨所起的促进作用增大；比对分析图 5.5、图 5.6 发现，n 增至 4 次，3 种 pH 环境下各试样裂隙的开展程度均明显增大，表明酸雨与干湿循环的共同作用对裂隙的发育促进作用更显著。

　　为定量分析酸雨干湿循环作用对百色膨胀土样裂隙发育的影响，本次研究运用 IPP 图像处理软件提取不同酸雨干湿作用所得试样裂隙照片的特征参数；通过 IPP 软件自动捕捉试样表面分布裂隙的数量和几何形状，并计算每条不规则裂隙的面积及试样表观面积。此处同样只分析 $n = 1$、4 时试样裂隙面积率随脱湿程度改变而产生的变化，并绘制经 1 和 4 次干湿脱湿过程的试样裂隙面积率 M_f 随湿度的变化关系曲线（图 5.7）。试样

裂隙面积率 M_f 的计算公式为:

$$M_f = \sum_{i=1}^{N} A_i / A_w \qquad (5.1)$$

式中: M_f ——裂隙面积率;

A_w ——试样含水率为 w 时的面积(mm²);

A_i ——第 i 条裂隙的面积(mm²);

N ——试样裂隙总条数。

酸雨干湿循环作用下膨胀土试样裂隙面积率、裂隙平均长度及平均宽度具体测试结果,分别如表 5.2 ~ 表 5.7 所示。

表 5.2 不同酸雨环境作用试样的裂隙面积率(%)($n = 1$)

pH	含水率/%				
	22	17 ~ 18	12 ~ 14	8 ~ 9	4 ~ 6
3	0.00	4.65	5.01	4.12	3.81
5	0.00	3.01	3.58	2.91	2.40
7	0.00	2.75	2.89	2.15	1.90

表 5.3 不同酸雨环境作用试样的裂隙面积率(%)($n = 4$)

pH	含水率/%				
	22	19 ~ 21	15 ~ 16	10 ~ 11	7 ~ 8
3	0.00	4.41	6.54	6.72	6.33
5	0.00	2.01	5.85	6.01	5.58
7	0.00	2.29	5.38	5.01	4.67

表 5.4 不同酸雨环境作用试样的裂隙平均宽度($n = 1$)   单位: mm

pH	含水率/%				
	22	17 ~ 18	12 ~ 14	8 ~ 9	4 ~ 6
3	0.00	1.74	1.98	1.40	1.13
5	0.00	1.19	1.46	0.89	0.75
7	0.00	0.90	1.15	0.64	0.54

表 5.5 不同酸雨环境作用试样的平均宽度结果（$n=4$） 单位：mm

pH	含水率/%				
	22	19～21	15～16	10～11	7～8
3	0.00	1.91	2.48	2.27	1.99
5	0.00	1.71	2.19	2.04	1.79
7	0.00	1.66	2.02	1.81	1.41

表 5.6 不同酸雨环境作用试样的平均长度结果（$n=1$） 单位：mm

pH	含水率/%				
	22	17～18	12～14	8～9	4～6
3	0.00	4.54	4.97	4.58	4.40
5	0.00	3.99	4.20	3.83	3.47
7	0.00	3.37	3.72	3.15	2.93

表 5.7 不同酸雨环境作用试样的平均长度结果（$n=4$） 单位：mm

pH	含水率/%				
	22	19～21	15～16	10～11	7～8
3	0.00	5.36	5.99	5.37	5.21
5	0.00	4.89	5.65	5.01	4.69
7	0.00	4.08	4.81	4.39	4.34

5.2.1 裂隙面积率的变化规律

根据表 5.2、表 5.3 结果，绘制不同酸雨干湿循环作用下试样裂隙面积率随含水率变化的曲线，如图 5.7 所示。

分析图 5.7 可知：在 3 种 pH 环境下，试样的裂隙面积率（M_f）均随含水率的降低先增后减，每一脱湿过程 M_f 都有一峰值，当试样脱湿超过峰值对应含水率时，M_f 逐步下降，这与已有类似研究所得规律相同[54]。

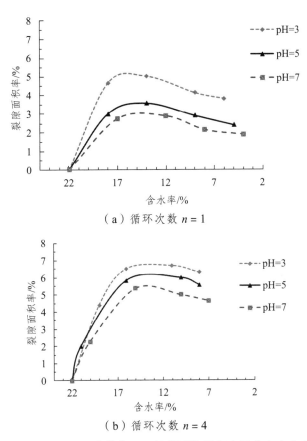

（a）循环次数 $n = 1$

（b）循环次数 $n = 4$

图 5.7 不同循环次数作用下试样裂隙面积率随含水率变化

对比 3 种 pH 环境下各样 M_f 曲线，显然 pH 越小，M_f 越大。$n = 1$，试样含水率为 17%～18%，且溶液 pH 为 5 和 3 时，其 M_f 分别为 3.05%、4.65%，相比中性溶液（pH = 7，M_f = 2.75%），酸雨作用试样的 M_f 分别增大 11.0%和 69.1%；当含水率降至 8%～9%，pH 为 5 和 3 酸液环境比中性环境样的 M_f 分别增大 35.3%和 93.8%。

n 增至 4 时，3 种 pH 环境下试样的 M_f 均增大，但 3 条 M_f-W 曲线之间的差值均变小。$n = 4$ 且试样含水率为 7%～8%时，pH 分别为 3、5、7 的 3 条曲线对应的 M_f 分别是 6.72%、5.98%和 5.10%，此时相比中性溶液环境，pH 为 5 和 3 酸液环境下试样的 M_f 分别增大 17.3%和 31.8%；当含水率增至 15%～16%，与 pH 为 7 中性环境样的 M_f 相比，pH 为 5 和 3 酸液环境下试样的 M_f 分别增大 35.3%和 12.8%。

5.2.2　裂隙平均宽度的变化规律

根据表 5.4、表 5.5 结果，绘制不同酸雨环境下试样裂隙平均宽度随含水率变化的曲线，如图 5.8 所示。

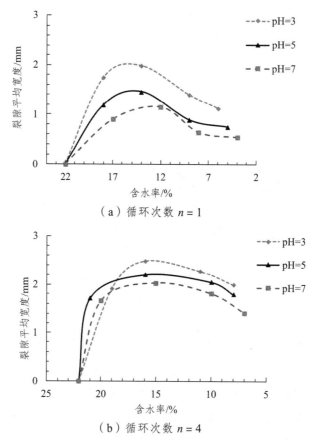

（a）循环次数 $n = 1$

（b）循环次数 $n = 4$

图 5.8　不同循环次数作用下试样裂隙平均宽度随含水率变化

分析图 5.8 可知：3 种 pH 环境下，试样平均宽度随试样含水率降低呈现先增加后逐步下降趋势，说明裂隙平均宽度随水率变化存在一个临界值，这与前述裂隙面积率的变化规律相同。酸雨 pH 越小，裂隙平均宽度越大。$n = 1$ 且试样含水率在 8% ~ 9% 时，酸雨 pH 分别为 3、5、7 时，裂隙平均宽度分别为 1.40、0.89、和 0.64，相比 pH 为 7 的中性环境，该含水率条件下 pH 为 5 和 3 的酸雨环境作用试样的裂隙平均长度分别增长了 39.1% 和 118.8%；当含水率增至 17% ~ 18% 时，试样的平均宽度增幅分别为 32.2% 和 93.3%。

n 增至 4 时，3 种 pH 环境下试样的裂隙平均宽度均增大。试样含水率在 15% ~ 16%，溶液 pH 分别为 3、5、7 时，裂隙平均宽度分别为 2.48 mm、2.19 mm、和 2.02 mm，相比 pH 为 7 的中性环境，pH 为 5 和 3 的酸雨环境作用试样的裂隙平均宽度分别增长了 14.1% 和 29.2%；当含水率降至 7% ~ 8% 时，pH 为 5 和 3 的裂隙平均宽度相比 pH 为 7 的情况分别增加 30.1% 和 41.1%。

5.2.3 裂隙平均长度的变化规律

根据表 5.6、表 5.7 的测试结果，绘制试样表观裂隙平均宽度随试样含水率变化的曲线，如图 5.9 所示。

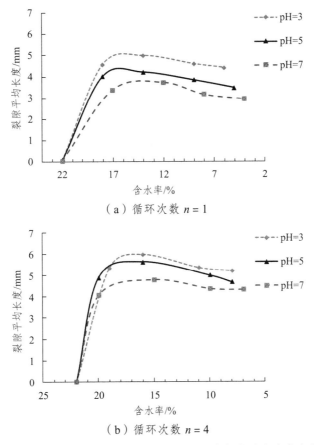

（a）循环次数 $n = 1$

（b）循环次数 $n = 4$

图 5.9 不同循环次数作用下试样裂隙平均长度随含水率变化

分析图 5.9 可知：不同酸雨环境作用下试样裂隙平均长度随含水率变化规律与裂隙率及裂隙平均宽度相似，同样随试样含水率降低呈现先增加后逐步下降的趋势；裂隙平均长度随酸雨 pH 减小而呈增加趋势，经 4 次干湿循环作用后不同酸雨环境作用下试样间裂隙平均长度差异减小。

$n = 1$ 且试样含水率在 17% ~ 18%，酸雨 pH 分别为 3、5、7 时，裂隙平均长度分别为 4.54 mm、3.99 mm 和 3.37 mm。相比 pH 为 7 的中性环境，该含水率条件下 pH 为 5 和 3 的酸雨环境作用试样的裂隙平均长度分别增长了 18.4% 和 34.7%。当含水率降至 8% ~ 9% 时，pH 为 5 和 3 酸液环境比中性环境试样的裂隙平均长度分别增大 23.8% 和 45.4%。

随干湿循环次数 n 增至 4 次，试样含水率在 15% ~ 16%，溶液 pH 分别为 3、5、7 时，裂隙平均长度分别为 5.99 mm、5.65 mm 和 4.81 mm，相比 pH 为 7 的中性环境，pH 为 5 和 3 的酸雨环境作用试样的裂隙平均长度分别增长了 17.5% 和 24.5%。当含水率降至 7% ~ 8% 时，pH 为 5 和 3 的裂隙平均长度相比 pH 为 7 的情况分别增加 18.6% 和 30.9%。

分析酸雨干湿循环作用下试样脱湿过程中的裂隙面积率、裂隙平均宽度及平均长度等裂隙特征参数变化规律，不难得出：

（1）酸性环境促进了膨胀土样裂隙的发育，且这种促进作用随酸雨 pH 减小而愈明显。

（2）相比中性水环境下的干湿循环作用，酸雨与干湿循环共同作用的环境对促进膨胀土中裂隙的发育更加显著。

（3）正因为裂隙性是膨胀土三大典型特性之一，膨胀土中裂隙面积率、裂隙平均宽度及平均长度值大小与其物理力学性能密切相关，酸雨干湿循环共同作用促进土中裂隙发育加剧，势必导致其基本性能进一步劣化。

5.3　本章小结

（1）酸雨入渗将促进试样裂隙的发育，且该促进作用随酸雨 pH 减小而愈明显。相比中性水的干湿循环作用，酸雨与干湿循环二者共同作用对试样裂隙发育的促进更显著。

（2）3 种 pH 环境下试样的裂隙面积率、裂隙平均宽度及平均长度等 3 种裂隙特征参数均随含水率降低先增后减。整个脱湿过程中上述裂隙特征参数都有一峰值，当试样脱湿程度超过峰值对应含水率时，3 种裂隙特征参数逐步下降，且 pH 越小，裂隙面积率、裂隙平均宽度及平均长度越大。

（3）正因为裂隙性是膨胀土三大典型特性之一，膨胀土中裂隙面积率、裂隙平均宽度及平均长度值大小与其物理力学性能密切相关，酸雨干湿循环共同作用促进土中裂隙发育加剧势必导致其基本性能进一步劣化。

酸雨干湿循环作用下膨胀土微、细观结构及矿物成分演变规律

目前，研究者们大多采用扫描电镜、压汞仪、自动吸附仪、X 射线衍射仪等测试设备，探究不同类型及不同脱湿环境下膨胀土的微、细结构特征，建立膨胀土微、细结构特征与宏观物理力学性能及工程性质间的相互关系，并采用 IPP 及 MATLAB 图像处理软件定量分析膨胀土微、细结构特征参数，获得了许多有价值的研究成果[148-158]。然而，绝大部分相关研究均是在中性水环境下完成的，均未考虑酸雨区膨胀土所处水环境的差异，而广西百色既广泛分布膨胀土又是酸雨重灾区，很有必要探究酸雨与干湿循环共同作用下原状百色土的微、细观结构及矿物成分演变规律。

为此，本章拟采用扫描电镜、压汞仪、低频核磁共振仪及 IPP 图像处理技术，研究酸雨干湿循环作用对百色膨胀土微、细观结构演变的影响。同时，采用 X 射线衍射仪探测分析经酸雨干湿循环侵蚀百色膨胀土矿物成分变化情况。

6.1 试验内容与方案

酸雨环境干湿作用下微细观及矿物成分试验方案见表 6.1。

表 6.1 酸雨环境下膨胀土胀缩性试验方案

试验项目	pH 环境	干湿循环次数	饱和方法	脱湿方法
扫描电镜试验				冻干法
压汞试验	3、5、7	1、4	抽真空饱和 1 周	冻干法
低频核磁共振试验				—
X 射线衍射试验				冻干法

6.1.1 扫描电镜试验

由于膨胀土具备吸湿膨胀和失水收缩的典型特性，土样在失水过程中体积逐步缩小，此过程中微观孔隙、微结构单元形状、微结构尺寸将出现一系列复杂变化。为减少土样在失水过程中自身收缩对微结构造成的影响，本次试验采用真空冻干法对试样进行脱湿处理。首先用细钢丝锯将预固结试样切出体积约 2 cm³ 土样放入液氮（−196 ℃）中冷冻 15 min，接着把试样放入冷冻干燥机中，抽真空 24 h 使试样中水分升华干燥。选取经 1 次与 4 次干湿循环（pH 为 3、5、7）作用后的试样，将其切成尺寸为 0.5 mm × 1.0 mm × 1.0 mm 的样品，并对样品表面进行喷金处理后［图 6.1（a）］进行扫描电镜试验。扫描电镜试验如图 6.1（b）所示，本次试验在长沙理工大学公路养护国家工程试验中心进行，设备为日本日立公司生产的 S-3000N 扫描电子显微镜，设备最大电压为 30 kV，最大放大倍数为 300 000 倍，最大分辨率为 5nm。

此外，为定量分析膨胀土微结构参数变化规律，采用 IPP 图像分析软件提取不同酸雨干湿循环作用下膨胀土图像中微结构特征参数，采用数理统计方法对所获取微结构参数数据进行定量分析。

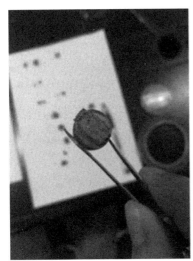
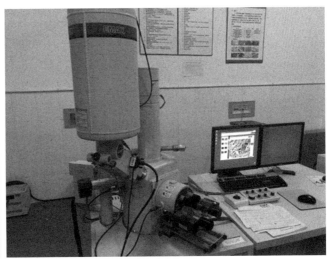

（a）喷金处理样品　　　　　　　（b）扫描电镜试验

图 6.1　扫描电镜试验

6.1.2　压汞试验

压汞试验是用来测定土中孔隙大小分布的方法，压汞法是基于毛细管现象设计的，利用液态汞压入固体孔隙内部，测量孔隙大小。通常假设孔隙为圆柱形，水银侵入孔隙所需的压力与孔隙直径存在对应关系，迫使非浸润液体进入孔隙半径为 r 的孔所需的压力 P 根据 Washburn 公式[159]来确定。

$$P = \frac{-4T_S \cos\theta}{d} \tag{6.1}$$

式中：P 为施加的压力（Pa）；T_S 为汞的表面张力，其值为 0.48 N/m；θ 为汞与固体材料接触角，本次试验取 140°；d 为圆柱形孔隙的直径（m）。

本研究运用美国康塔公司生产的 PoreMaster-33 型全自动压汞仪，低压范围为 5.5 ~ 344.8 kPa，高压范围为 137.9 kPa ~ 227.5 MPa，可测量孔隙直径范围为 6.5 nm ~ 268.6 μm。

Pineda 等[160]利用压汞试验研究了不同规格取样管对软黏土取样的影响，发现管壁处试样的微观结构改变很大，而管中部影响较小。为定量分析酸雨干湿循环作用下百色膨胀土微结构孔隙变化规律，同时验证扫描电镜试验结果的合理性，本次试验切取酸雨干湿循环作用后试样进行压汞试验。

本次研究在桂林理工大学土木工程学院试验室展开，首先用细钢丝锯将预固结试样切出体积约 2 cm³ 土样放入液氮（-196 ℃）中冷冻 15 min，接着把试样放入冷冻干燥机［图 6.2（a）］中，抽真空 24 h 使试样中水分升华干燥。选取经 1 次与 4 次干湿循环（pH 为 3、5、7）作用后的试样，在注汞分析前将试样切成约 1 cm³ 小块，用洗耳球轻轻将浮土吹走，称量试样质量，并将试样放置在相应规格型号的样品管［图 6.2（b）］中后装入压汞仪进行测试。最后，对干燥后的土样开展低压和高压下的压汞试验［图 6.2（c）］，先通过低压测得土中的大孔隙，然后转移到高压腔里进行小孔隙测试，获取试样孔径分布规律。

（a）冷冻干燥机抽真空 （b）样品管 （c）全自动压汞仪

图 6.2 压汞试验

6.1.3 低频核磁共振试验

在核磁共振技术中，T_2 用来表征横向磁化矢量 M_{XY} 衰减快慢，横向磁化矢量由最大值递减为最大值的 0.37（1/e）时所需时间定义为 T_2，T_2 曲线遵循指数规律：

$$M_{XYi}(t) = M_{XYi}(0)\mathrm{e}^{-t/T_{2i}} \tag{6.2}$$

式中：$M_{XYi}(t)$ 为弛豫在 t 时刻的横向磁化矢量；$M_{XYi}(0)$ 为弛豫刚开始瞬间最大横向磁化矢量，与温度 T 成反比，与主磁场强度 B 成正比[161]。

在核磁共振技术中，在均匀磁场里，液态水的弛豫时间（T_2）值为：

$$\frac{1}{T_2} = \rho_2 \left(\frac{S}{V} \right)_{\text{pore}} \tag{6.3}$$

这里假设所有的孔隙形状为球形，于是有：

$$\frac{1}{T_2} \approx \rho_2 \left(\frac{S}{V} \right)_{\text{pore}} = \rho_2 \frac{3}{R} \tag{6.4}$$

式中：R 为孔隙半径；ρ_2 为 T_2 表面弛豫率，是表征土体性质的一种参数[162]。T_2 值的大小反映了孔隙水在土体孔隙中的分布。T_2 时间分布曲线对应核磁信号的强弱，可以反映出该孔隙下水分的一种赋存状态，因而 T_2 曲线与 X 轴所围成的面积代表土中的含水量。

本次试验采用苏州纽迈公司研制的 MacroMR12-150H-Ⅰ型大口径核磁共振成像分析仪。测试时共振频率为 23.423 MHz，磁体温度为（32.00 ± 0.02）℃，探头线圈直径为 110 mm。

为消除含铁物质对核磁信号的干扰，采用 20 mm × φ45 mm 的聚四氟乙烯试样筒[图 6.3（a）]环刀替代传统的不锈钢环切取百色原状膨胀土试样；采用抽真空饱和方法饱和试样，试样浸泡时间均为 7 d，取浸泡一周样放置于 50 ℃ 恒温烘箱中进行脱湿，即完成一次干湿循环过程；分别选取 pH = 3、5、7 溶液浸泡 1 周后的饱和试样及 4 次干湿循环作用的饱和样进行低频核磁共振试验，试验装置如图 6.3（b）所示。

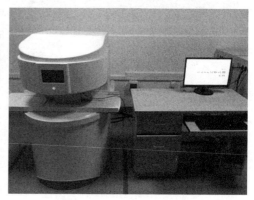

（a）核磁共振试验装样筒及标定液　　　（b）核磁共振成像分析仪

图 6.3　核磁共振试验

6.1.4　X 射线衍射试验

本次试验在长沙矿业研究院进行，试验采用德国布鲁克公司生产的 DB Advance X 射线衍射仪进行试样矿物成分测定。采用光学编码技术。θ/θ 采用立式测角仪，2θ 角度范围为 – 110° ~ 168°，角度精度为 0.0001°，测角仪 ≥ 200 mm，光管类型为 Cu 靶，陶瓷 X 光管（图 6.4）。

分别选取经 1 次与 4 次干湿循环（pH = 3、5、7）作用后的试样，切取受侵蚀面样品；采用真空冻干法对试样进行脱湿处理，将脱湿后样品在研磨器中磨碎，过 0.0074 mm 筛孔，取过筛后粉末状样品进行压片制样（图 6.5），随后进行 X 射线衍射试验。

图 6.4　X 射线衍射试验　　　　　　　　图 6.5　压片制样

6.2　试验结果与分析

6.2.1　微观结构的演变规律

经 1 次和 4 次不同酸雨干湿循环作用后试样试验结果，如图 6.6 所示。

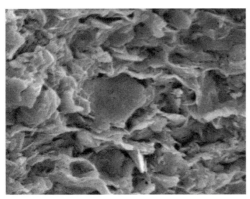

pH = 7（n = 1）　　　　　　　　　pH = 7（n = 4）
（a）叠片排列，孔隙较少　　　　　　　（b）孔隙发育并扩张

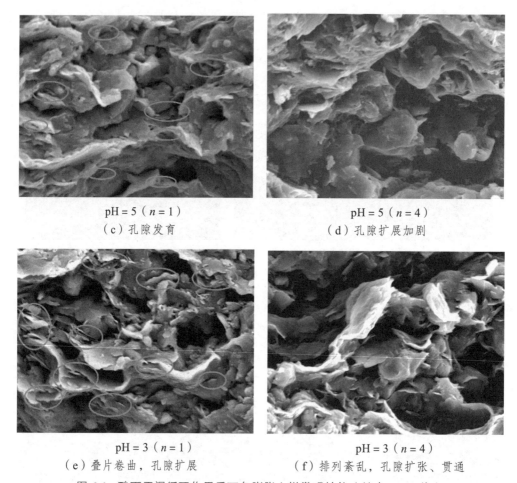

pH = 5（$n = 1$）

（c）孔隙发育　　　　　　　　　　　　　（d）孔隙扩展加剧

pH = 5（$n = 4$）

pH = 3（$n = 1$）

（e）叠片卷曲，孔隙扩展　　　　　　　（f）排列紊乱，孔隙扩张、贯通

pH = 3（$n = 4$）

图 6.6　酸雨干湿循环作用后百色膨胀土样微观结构（放大 5 000 倍）

　　微观结构可用 SEM 扫描电镜和 X 射线衍射观察其特征，指土的物质组成的空间相互排列以及土粒联结等特征。

　　从图 6.6 中发现，百色膨胀土微结构中存在面-面接触叠聚体结构单元，其以自相集聚方式构成黏土基质，具备相应结构特征。

　　当 $n = 1$ 时，随酸雨 pH 减小，土体微孔隙不断发育，孔隙尺寸不断增大，叠片结构边缘逐步打开（图 6.6 中加圈部分）。当 n 增至 4 次时，对比分析图 6.6（a）、（c）、（e）和图 6.6（b）、（d）、（f）可知，不同 pH 溶液浸泡试样的微孔隙体积均增大，叠片结构边缘不断扩展，排列趋于紊乱，且随酸雨 pH 降低，微结构变化趋势更明显。这表明酸雨环境会加剧土体微孔隙的发育，促使孔隙尺寸和数量不断增加，且在干湿循环共同作用下，这种影响进一步增强。

为定量分析酸雨环境作用下百色膨胀土微结构的变化规律，采用 IPP 图像分析软件获取了图 6.6 中的微孔隙参数，汇总孔隙个数、孔隙率、孔隙直径占比及形态分型维数等微结构参数见表 6.2 和表 6.3。

表 6.2　经 1 次酸雨干湿循环作用后土体的孔隙微结构特征

pH	>10 μm² 孔隙个数	孔隙率/%	3～5 μm 直径占比/%	平均长度/ μm	分形维数
3	72	19.4	25.7	7.94	1.3201
5	45	11.9	14.8	5.67	1.2814
7	38	8.7	9.2	5.06	1.2658

表 6.3　经 4 次酸雨干湿循环作用后土体的孔隙微结构特征

pH	>10 μm² 孔隙个数	孔隙率/%	3～5 μm 直径占比/%	平均长度/ μm	分形维数
3	98	43.2	15.3	9.47	1.4842
5	79	35.7	9.4	7.71	1.4201
7	51	22.6	3.9	7.55	1.4012

本次研究采用结构单元体的形态分维[163]对酸雨干湿循环作用下试样表观裂隙的分型特征进行描述。

根据 Moore 等[164]和焦鹏飞等[165]提出的孔隙形态面积与周长关系 [式（6.5）]，获得不同酸雨环境作用下百色膨胀土的微孔隙形态分形维数。

$$\lg P = D \lg A/2 + C \qquad (6.5)$$

式中：P 为图像中孔隙或颗粒形态的周长；D、A 分别为孔隙或颗粒形态的分形维数和面积；C 为常数。

由表 6.2 可知：经 1 次酸雨干湿循环作用后，试样中大于 10 μm² 孔隙个数、孔隙率、3～5 μm 直径占比、平均长度、分形维数均随酸雨 pH 减小而增大。

由表 6.3 可知：$n = 4$ 时，当酸雨 pH 由 7 降为 5 和 3 时，土体中孔隙面积大于 10 μm² 孔隙个数由 51 分别增至 79 和 98，增幅分别为 2.1% 和 92.2%；孔隙率则由 22.6% 分别增至 35.7%和 43.2%，增幅分别为 58.0%和 91.5%。$n=1$ 时，孔隙直径为 3~5 μm 的占比由 9.2%分别增至 14.8%和 25.7%，增幅分别为 60.9%和 179.3%。孔隙的平均长度由 5.06 μm 分别增至 5.67 μm 和 7.94 μm，增幅分别为 40.0%和 56.9%。分形维数则由 1.2658 分别增至 1.2814 和 1.3201，增幅分别为 2.1%和 4.3%，分形维数越大，表明其膨胀潜势越大，形态越复杂，微结构单元越松散，孔隙分布越广泛。

分析表 6.3 可知：相比 1 次酸雨干湿循环，经 4 次酸雨干湿循环作用后，试样的孔隙率、大于 10 μm² 孔隙的数量、孔隙平均长度、分型维数均出现增长，这说明干湿循环作用使得孔隙的数量及体积均进一步增长。当 n 由 1 次增至 4 次时，pH 为 3、5、7 的孔隙率分别由 19.4%、11.9%、8.7%增至 43.2%、35.7%、22.6%，土体中孔隙面积大于 10 μm² 孔隙个数则分别由 72、45、38 增至 98、79、51，孔隙平均长度分别由 7.94 μm、5.67 μm、5.06 μm 增至 9.47 μm、7.71 μm、7.55 μm；3~5 μm 孔隙直径占比则大幅出现下降，这主要是因试样受酸雨侵蚀作用后，微孔隙尺寸不断增加，加之干湿循环的作用，使大量粒径在 3~5 μm 范围的孔隙不断变大。$n=4$ 时，与 pH = 7 的相比，pH 为 3 和 5 的酸雨环境与干湿循环共同作用对土体孔隙的影响更明显。

基于获得的孔隙直径参数，以孔隙直径为横坐标，孔隙直径累计占比为纵坐标，绘制经 1 次酸雨循环作用下，百色膨胀土微观孔隙累计分布曲线如图 6.7 所示。

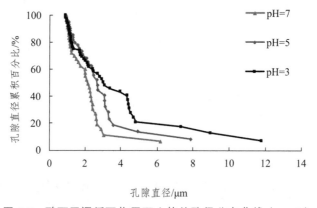

图 6.7　酸雨干湿循环作用下土体的孔径分布曲线（$n=1$）

分析图 6.7 可知：中性环境下土中孔隙直径主要集中于 3 μm 以内，随酸雨 pH 减小，3~5 μm 范围孔径数量急剧增多；在 pH = 3 的酸雨环境中出现了 >10 μm 的孔径，加速了土中水分蒸发，使其收缩至稳定时的含水率更低，线缩率增大。

6.2.2　细观孔隙的演变规律

土体的细观结构是指土颗粒或颗粒聚合体之间的相对位置、排列特征、接触状态、粒间孔隙大小和形状。

6.2.2.1　酸雨干湿循环作用下孔隙特征参数变化规律

酸雨干湿循环作用后百色膨胀土压汞试验结果见表 6.4、表 6.5。

由表 6.4、表 6.5 可知：$n = 1$ 时，随酸雨 pH 减小，试样总的孔隙体积 V、孔隙率 w 及平均孔隙直径 d 均增大。酸雨 pH 由 7 降为 5 和 3 时，w 由 10.67% 变为 13.01%、17.01%，分别增加了 21.9% 和 59.4%；d 由 0.119 μm 变为 0.137 μm、0.119 μm，分别增加了 15.1% 和 47.1%；V 由 0.079 cm^3·g^{-1} 变为 0.091 cm^3·g^{-1}、0.112 cm^3·g^{-1}，分别增加了 25.1% 和 67.1%。

表 6.4　经 1 次酸雨干湿循环作用后土体的孔隙微结构特征参数测试结果

干湿循环次数/次	溶液 pH	总的孔隙体 V/（cm^3·g^{-1}）	孔隙率 w/%	平均孔隙直径 d/μm
	pH = 3	0.112	17.01	0.175
1	pH = 5	0.091	13.01	0.137
	pH = 7	0.079	10.67	0.119

表 6.5　经 4 次酸雨干湿循环作用后土体的孔隙微结构特征参数测试结果

干湿循环次数/次	溶液 pH	总的孔隙体 V/（cm^3·g^{-1}）	孔隙率 w/%	平均孔隙直径 d/μm
	pH = 3	0.168	23.14	0.208
4	pH = 5	0.131	18.71	0.153
	pH = 7	0.108	13.91	0.127

根据表 6.2、表 6.3 中微结构参数，以孔隙直径为横坐标，孔隙含量为纵坐标，分别绘制酸雨干湿循环作用下百色膨胀土孔径分布曲线，如图 6.8 所示。

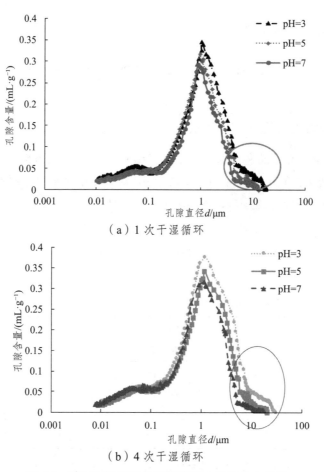

（a）1 次干湿循环

（b）4 次干湿循环

图 6.8 　酸雨干湿循环作用下膨胀土孔径分布曲线

　　图 6.8（a）中孔径分布曲线出现右移，大孔隙增加［图 6.8（a）中圈记部分］，从本章 6.2.1 小节测试结果图 6.6 中也观测到土体微结构发育，孔隙尺寸增大。当 n 增至 4 次时，不同 pH 环境下试样的孔隙指标均增大，其中 pH = 7 的 w 增加了 30.4%，这是因干湿循环作用下膨胀土体积发生反复胀缩，小孔隙逐渐张开，大孔隙增加，从图 6.6 中观测到经不同酸雨干湿循环作用后试样微孔隙均出现增大；当 pH 由 7 变为 3 时，试样孔隙体积的增幅由 41.8%（$n = 1$）增至 55.6%（$n = 4$）。与图 6.8（a）相比，图 6.8（b）中孔径集中分布区域往右侧拓宽，酸雨 pH 减小，往右拓展幅度愈明显，大孔隙数量及尺寸均增大［图 6.8（b）圈出部分］，这与扫描电镜试验所观测土体微结构演化趋势相符，说明酸雨环境加速了土体孔隙的发育，随干湿循环次数增加，平均孔隙越大。

6.2.2.2 酸雨干湿循环作用下试样 T_2 时间分布曲线变化规律

根据低频核磁共振试验测试结果，绘制不同酸雨干湿循环作用试样 T_2 时间分布曲线，分别如图 6.9（a）和图 6.9（b）所示。

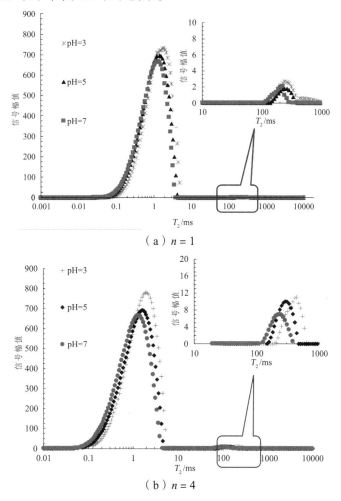

（a）$n = 1$

（b）$n = 4$

图 6.9　不同酸雨干湿循环作用试样的 T_2 时间分布曲线

由图 6.9 可知：经不同酸雨干湿循环作用试样的 T_2 时间分布曲线整体分布情况相似。干湿循环作用次数 n 为 1 时，图 6.9（a）中不同酸雨环境 T_2 时间分布曲线呈现双峰特征，其中在 $T_2 = 0.1 \sim 10$ ms 范围内分布一个主峰，在 $T_2 = 100 \sim 1000$ ms 范围内分布一个次峰，随 pH 减小，双峰均呈现右移趋势，表明试样的孔径分布范围扩大，孔隙体积增加；当 n 增至 4 次时，曲线的双峰特征更明显，左侧主峰变化规律与 n 为 1 次时的相同，而右侧次峰的信号幅值明显增加，且 pH 越小，信号幅值及曲线右移趋势越加明显，表明经干湿循环叠加作用下，试样孔隙加速发育，大孔隙数目及体积增加，且酸雨与干湿循环叠加作用对孔隙发育促进作用更显著，这与压汞试验及扫描电镜试验所得孔隙变化规律相吻合。

6.2.3　矿物成分的演变规律

酸雨干湿循环作用后百色膨胀土 X 射线试验衍射图谱，如图 6.10 所示，图中 H 为蒙脱石、X 为伊利石、A 为高岭石、B 为锐钛砂、O 为方解石、V 为石英。

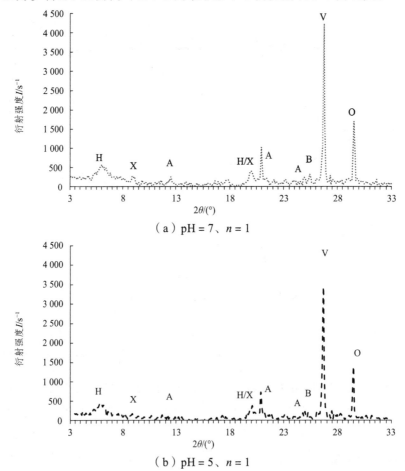

（a）pH = 7、n = 1

（b）pH = 5、n = 1

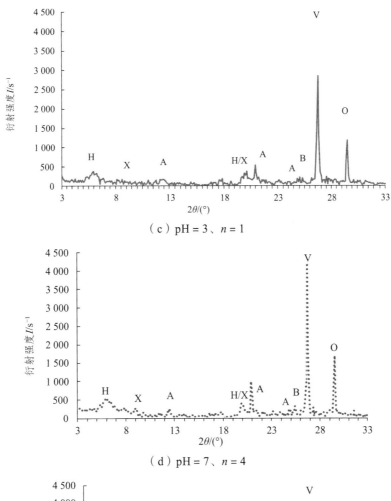

（c）pH = 3、n = 1

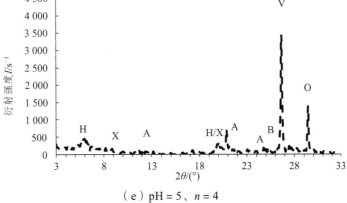

（d）pH = 7、n = 4

（e）pH = 5、n = 4

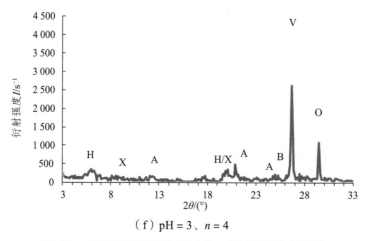

（f）pH = 3、$n = 4$

图 6.10　酸雨干湿循环作用试样 X 射线衍射衍射图谱

　　绘制受 pH = 3、5、7 酸雨干湿循环作用试样 X 射线衍射对比分析图谱，如图 6.11（a）和（b）所示。

　　由图 6.11（a）、（b）可知，蒙脱石、伊利石、高岭石、石英和方解石的特征峰分别出现在 6°、9°、21°、27°和 30°附近。当 $n = 1$ 时，随酸雨 pH 减小，矿物特征峰强度均出现不同程度的衰减，且酸雨环境越强，衰减越剧烈；pH 由 7 变为 3 时，蒙脱石在衍射角为 6.1°附近的特征峰强度由 490.67 s^{-1} 降至 310.33 s^{-1}，伊利石在衍射角为 9°附近的特征峰强度由 270 s^{-1} 降至 133 s^{-1}，高岭石在衍射角为 20.9°附近的特征峰强度由 1 016.67 s^{-1} 降至 533.33 s^{-1}。当 n 增至 4 次时，中性环境作用［图 6.11（b）］下矿物特征峰强度无明显变化，而酸雨环境作用下则继续出现下降；与中性溶液相比（pH = 7），在 pH = 3 的酸雨溶液作用下，蒙脱石、伊利石和高岭石的特征峰强度分别降低 42%、51%和 58%。

　　这表明百色膨胀土在酸雨环境作用下土体中黏土矿物结晶程度变差，有序晶体结构成分不断衰减，土中矿物成分出现不同程度溶蚀，该效应随酸雨 pH 减小而更显著；受干湿循环的叠加作用后，土颗粒间距增大，加剧了酸雨与颗粒间的土水化学反应，溶蚀效应更剧烈；正因土中矿物成分的流失，势必将导致土体结构变松散，这种影响在前述微观与细观试验研究中得到了验证。

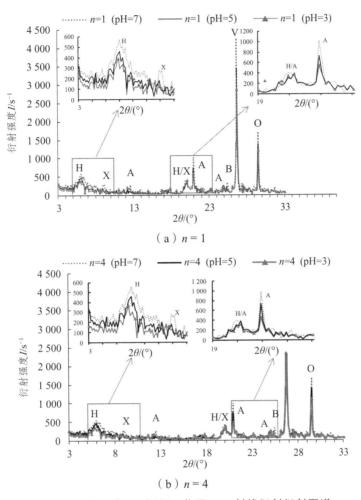

图 6.11　不同酸雨干湿循环作用下 X 射线衍射衍射图谱

6.3　本章小结

（1）百色膨胀土微结构中存在面-面接触叠聚体结构单元，酸雨干湿循环作用加剧了膨胀土微观结构的演变；当 $n=1$ 时，随酸雨 pH 减小，土体微孔隙不断发育，孔隙尺寸不断增大，叠片结构边缘逐步打开；当 n 增至 4 次时，不同 pH 溶液浸泡试样的微孔隙体积均增大，叠片结构边缘不断扩展，排列趋于紊乱，且随酸雨 pH 降低，微结构变化趋势更明显。

（2）$n=1$ 且酸雨 pH 由 7 降为 3 时，土体孔隙率从 8.7%增加至 19.4%，且面积大于 10 μm² 的孔隙数增加近 1 倍，3~5 μm 孔隙直径占比由 9.2%增至 25.7%，形态分形维数则由 1.27 增至 1.32，微结构单元越松散，孔隙分布越广泛。中性环境下土中孔隙直径主要集中于 3 μm 以内，随酸雨 pH 减小，3~5 μm 范围孔径数量急剧增多；在 pH 为 3 的酸雨环境中出现了 > 10 μm 的孔径。

（3）酸雨入渗加速了膨胀土细观孔隙的发育；当 $n=1$ 时，随酸雨 pH 减小，试样总的孔隙体积 V、孔隙率 w 及平均孔隙直径 d 均增大；当 n 增至 4 次时，3 种 pH 溶液浸泡试样的孔隙指标均变大；干湿循环作用使得土体孔径分布曲线出现右移，大孔隙增加，且酸雨 pH 越小，往右拓展幅度愈明显，大孔隙数量及尺寸均增大，这与扫描电镜（SEM）试验所得结论相符。

（4）酸雨入渗促使膨胀土土样的 T_2 时间分布曲线出现右移，反映出试样孔隙尺寸增大，且在酸雨干湿循环叠聚作用后，该变化趋势更显著，试样孔径分布范围增大，大孔隙数量及尺寸明显增加，验证了压汞试验测得试样的孔隙变化规律。

（5）酸雨入渗作用下膨胀土中黏土矿物结晶程度变差，有序晶体结构成分不断衰减，土中矿物成分出现不同程度溶蚀，该效应随酸雨 pH 减小而更显著；受干湿循环的叠加作用后，土颗粒间距增大，促进了酸雨与颗粒间的土水化学反应。

酸雨入渗条件下膨胀土水-土化学试验

以往学者们对膨胀土滑坡的分布规律、破坏特征、监测及处治方法研究较多[166-168]，但很少关注酸雨干湿循环作用对边坡土体基本性能的影响，故对其水-土化学反应原理尚不清楚。此外，做岩土边坡稳定性分析时，为模拟降雨条件下土样的饱和状态，学者通常是将试样装入重叠式饱和器中进行静置饱和或者是置入抽真空装置实施抽真空饱和，此状态下的试样均处于静态水环境，其离子交换及水-土相互作用均较弱，且渗流作用对土体内部结构的影响几乎可忽略，与降雨入渗边坡的真实过程不符。

为较好地模拟降雨入渗实际边坡的过程，本章专门设计了室内循环饱水化学试验，采用电感耦合等离子体发射光谱仪、X 射线衍射、荧光光谱仪、矿物全量分析法、双电层理论等测试设备与试验方法，探究酸雨入渗膨胀土的矿物及化学成分演变规律，并根据室内循环饱水化学试验结果，采用 PHREEQC E 地球化学模拟软件，分析酸雨-膨胀土水-土化学反应过程，弄清膨胀土水-土化学反应原理。

7.1 循环饱水化学试验

7.1.1 试验装置设计

室内循环饱水化学试验装置，如图 7.1 所示。采用南京润泽流体控制设备有限公司生产的 SR400 便携箱式蠕动泵（图 7.2）控制水流的速度，设定水流速度为 20 mL/min，室内温度控制在（25 ± 2）℃；试样装入右侧圆柱形玻璃装置中，装置底部放置多孔板，试样上下两侧均放透水石，并用橡皮绳将试样与上下两侧透水石进行包扎（图 7.3）。

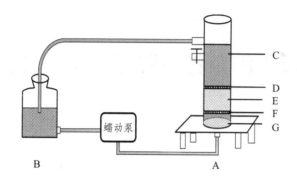

A—有机玻璃柱；B—盛酸雨容器；C—酸雨溶液；D、F—透水石；E—试样；G—多孔板。

图 7.1　室内循环饱水化学试验装置

图 7.2　SR400 便携箱式蠕动泵蠕动泵装置

图 7.3　循环饱水试验试样

7.1.2　试验内容

采用直径为 61.8 mm、高为 20 mm 的标准环刀切取原状膨胀土样，在试样上下表面分别放置滤纸和透水石，并用橡皮包扎后置入右侧圆柱形玻璃容器内，将不同 pH 溶液（pH 为 3、5 和 7）分别注入循环饱水装置（图 7.1）中，随后进行周期为 7 d 的循环饱水化学试验，并将一组试样放至 pH = 7 溶液中静止饱和作为对照组。取出经 7 d 循环饱水化学试验后试样放置于 50℃ 恒温烘箱中烘 24 h，为减小脱湿过程中试样颗粒脱落，将试样连同透水石一并放入烘箱中脱湿，此为完成一次循环饱水过程；取出脱湿后试样，继续放入循环饱水装置中进行第二次循环饱水化学试验，直至预定循环饱水次数（$n = 1$、2、3、4）。

本次试验分别取 1 次和 4 次循环饱水试验作用后试样、沉淀物及溶液成分矿物质进行测试，流程如下：取出 1 次和 4 次循环饱水试验及静态水饱和试验后试样放置于 50℃

恒温烘箱中烘干并称重，同时将试验后溶液中的沉淀矿物进行过滤并烘干称重。对烘干后的试样及沉淀矿物进行研磨并过 2 mm 筛孔，采用 X 射线衍射仪、荧光光谱仪及黏土矿物全量分析法对过筛处理后样品中矿物及化学成分进行测定。此外，提取循环饱水化学试验及静态水饱和试验后的溶液，采用电感耦合等离子体发射光谱仪测定溶液中阳离子成分与浓度。

7.2　试验结果与分析

7.2.1　试样质量及沉淀物分析

表 7.1 和表 7.2 分别为 1 次和 4 次室内循环饱水化学试验前后试样的质量及溶液中沉淀物质量。

表 7.1　1 次循环饱水化学试验中试样及沉淀物的质量　　　　单位：g

试验条件	试验前试样质量	试验后试样质量	溶液中沉淀质量	参与反应质量
pH = 7（静态水）	105.532	102.752	1.248	1.532
pH = 7	103.786	94.745	5.548	3.484
pH = 5	106.351	95.154	6.865	4.332
pH = 3	105.654	89.464	9.215	6.975

表 7.2　4 次循环饱水化学试验中试样及沉淀物的质量　　　　单位：g

试验条件	试验前试样质量	试验后试样质量	溶液中沉淀质量	参与反应质量
pH = 7（静态水）	103.214	97.170	3.291	2.753
pH = 7	101.368	85.272	9.124	6.972
pH = 5	104.782	84.782	11.331	8.135
pH = 3	102.312	74.014	16.215	12.083

由表 7.1 可知：与静态水饱和环境相比（pH = 7），pH 为 7 的循环饱水化学试验后，溶液中沉淀及参与反应的矿物质量均增加，分别为前者的 3.45 倍和 1.27 倍，且酸雨 pH

越小，该变化趋势越明显；在循环饱水化学试验中，当 pH 由 7 变为 3 时，溶液中沉淀及参与反应的矿物质量分别增加 66.1%和 100%。

分析表 7.2 可知：随循环饱水次数增至 4 次时，不同 pH 溶液环境下，溶液中沉淀物质量及参与反应质量均明显增大。相比 pH 为 7 的循环饱水环境，pH 为 5 和 3 的循环饱水试验中，溶液中沉淀质量分别增加 24.2%和 77.7%，参与反应的矿物质量则分别增加 16.7%和 73.3%。

7.2.2　土体矿物成分分析

采用 DB Advance X-射线衍射仪对 1 次和 4 次循环饱水化学试验中试样及溶液中沉淀物的矿物成分进行测试，结果如表 7.3 ~ 表 7.6 所示。

表 7.3　1 次循环饱水化学试验中试样主要矿物成分及含量

主要矿物成分	质量百分含量/%				
	原状样	pH = 7(静态水)	pH = 7	pH = 5	pH = 3
石英	19.02	19.21	19.17	19.21	19.75
方解石	22.53	20.78	18.02	15.54	10.01
伊利石	20.42	20.63	20.49	19.99	17.95
蒙脱石	18.81	19.01	19.48	20.52	22.25
高岭石	17.22	17.39	17.54	17.31	17.44

表 7.4　4 次循环饱水化学试验中试样主要矿物成分及含量

主要矿物成分	质量百分含量/%				
	原状样	pH = 7(静态水)	pH = 7	pH = 5	pH = 3
石英	19.02	19.21	19.22	19.11	19.33
方解石	22.53	19.18	17.82	14.98	9.21
伊利石	20.42	20.31	20.44	19.78	17.12
蒙脱石	18.81	19.10	19.51	20.41	22.71
高岭石	17.22	17.21	17.61	17.43	17.64

表 7.5　1 次循环饱水化学试验中沉淀物主要矿物成分及含量

主要矿物成分	质量百分含量/%			
	原状样	pH = 7	pH = 5	pH = 3
石英	19.02	20.48	21.91	22.13
方解石	22.53	15.08	11.87	8.01
伊利石	20.42	22.31	21.73	21.24
蒙脱石	18.81	20.56	20.77	21.52
高岭石	17.22	18.93	19.17	19.01

表 7.6　4 次循环饱水化学试验中沉淀物主要矿物成分及含量

主要矿物成分	质量百分含量/%			
	原状样	pH = 7	pH = 5	pH = 3
石英	19.02	20.31	21.83	22.09
方解石	22.53	15.24	10.01	7.06
伊利石	20.42	22.24	21.01	20.74
蒙脱石	18.81	20.61	20.91	22.12
高岭石	17.22	18.93	19.17	19.01

　　分析表 7.3～表 7.6 可知：膨胀土主要由石英、方解石、伊利石、蒙脱石、高岭石等矿物组成。根据表 7.1～表 7.6 的测试结果，可求得循环饱水化学试验中试样及沉淀物主要矿物的含量，进而求得参与反应的矿物含量。各矿物质质量的计算方法如式（7.1）所示。

$$\begin{pmatrix} X_1 \\ X_2 \\ \vdots \\ X_5 \end{pmatrix} = \begin{pmatrix} m_0 \\ m_s \\ m_p \\ m_r \end{pmatrix} \begin{pmatrix} x_{0,1} & x_{s,1} & x_{p,1} & x_{r,1} \\ x_{0,2} & x_{s,2} & x_{p,2} & x_{r,2} \\ \vdots & \vdots & \vdots & \vdots \\ x_{0,5} & x_{s,5} & x_{p,5} & x_{r,5} \end{pmatrix} \tag{7.1}$$

式中：X_1，X_2，X_3，X_4，X_5 分别为石英、方解石、伊利石、蒙脱石及高岭石的质量；$x_{0,1}$，$x_{0,2}$，$x_{0,3}$，$x_{0,4}$，$x_{0,5}$ 分别为试验前石英、方解石、伊利石、蒙脱石及高岭石的质量分数；m_0，m_s，m_p，m_r 分别为试验前试样、试验后试样、溶液中沉淀物及参与反应矿物的质量。根据公式（7.1）计算得到 1 次和 4 次循环饱水化学试验中试样、溶液中沉淀及参与反应的主要矿物质量，见表 7.7 和表 7.8。因静态水（pH = 7）环境中沉淀物含量偏低，无法满足矿物成分测试要求，表 7.7 ~ 表 7.8 中未列出相应试验结果。

表 7.7　1 次循环饱水化学试验中主要矿物的质量

试验条件		矿物质量/g				
		石英	方解石	伊利石	蒙脱石	高岭石
pH = 7（静态水）	试验前试样质量	20.072	23.776	21.550	19.851	18.173
	试验后试样质量	19.739	21.352	21.198	19.533	17.869
	溶液中沉淀质量	—	—	—	—	—
	参与反应质量	—	—	—	—	—
pH = 7	试验前试样质量	19.740	23.383	21.193	19.522	17.872
	试验后试样质量	18.163	17.073	19.413	18.456	16.614
	溶液中沉淀质量	1.216	0.659	1.206	1.152	1.064
	参与反应质量	0.362	5.651	0.574	−0.086	0.194
pH = 5	试验前试样质量	20.228	23.961	21.717	20.005	18.314
	试验后试样质量	18.279	14.787	19.021	19.526	16.471
	溶液中沉淀质量	1.741	0.630	1.671	1.693	1.495
	参与反应质量	0.208	8.544	1.025	−1.214	0.347
pH = 3	试验前试样质量	20.095	23.804	21.575	19.874	18.194
	试验后试样质量	17.669	8.955	16.059	20.128	15.777
	溶液中沉淀质量	2.117	0.358	1.776	2.067	1.764
	参与反应质量	0.310	14.490	3.740	−2.322	0.653

注：表中正值表示反应物，负值为生成物。

表 7.8　4 次循环饱水化学试验中主要矿物的质量

试验条件		矿物质量/g				
		石英	方解石	伊利石	蒙脱石	高岭石
pH = 7（静态水）	试验前试样质量	19.631	23.254	21.076	19.415	17.773
	试验后试样质量	18.666	18.637	19.735	18.559	16.723
	溶液中沉淀质量	—	—	—	—	—
	参与反应质量	—	—	—	—	—
pH = 7	试验前试样质量	19.280	22.838	20.699	19.067	17.456
	试验后试样质量	16.389	15.195	17.430	16.637	15.016
	溶液中沉淀质量	1.871	1.404	2.049	1.899	1.739
	参与反应质量	1.020	8.239	1.221	− 0.132	0.700
pH = 5	试验前试样质量	19.930	23.607	21.396	19.709	18.043
	试验后试样质量	16.304	12.780	16.876	17.413	14.871
	溶液中沉淀质量	2.474	1.134	2.381	2.369	2.170
	参与反应质量	1.152	14.693	2.140	− 1.473	1.003
pH = 3	试验前试样质量	19.460	23.051	20.892	19.245	17.618
	试验后试样质量	14.307	6.817	12.671	16.809	13.056
	溶液中沉淀质量	5.582	1.145	3.363	3.587	3.042
	参与反应质量	1.571	20.089	4.858	− 4.150	1.520

分析表 7.7 可知：静态水饱和环境（pH = 7）饱和 1 周后，试样中各矿物含量出现小幅下降，其中方解石含量降幅最明显，由 23.776 g 降至 21.352 g，降幅为 10.2%。与静态水饱和环境（pH = 7）相比，经 pH 为 7 的循环饱水化学试验作用 1 周后，试样中方解石、伊利石、石英、高岭石等矿物含量降幅最明显，其中试样中方解石含量由 23.383 g

降至 17.073 g，降幅达到 27.0%，这表明实际循环饱水环境将促进土体中矿物质的溶蚀与溶解，加速土体结构的破坏。

循环饱水化学试验中，随溶液 pH 降低，试样中方解石、伊利石、石英、高岭石等矿物参与反应的质量增加，其中方解石参与反应质量增幅最明显，而蒙脱石矿物总的含量出现增加现象。当溶液 pH 由 7 变为 3 时，伊利石参与反应的质量由 2.7%增至17.3%，方解石参与反应的质量则由 24.2%变为 60.9%；而蒙脱石的生成量由 0.4%增至11.7%。与 pH 为 7 的中性水溶液环境相比，在 pH 为 3 溶液环境作用下，沉淀物中石英成分大量聚集，方解石含量急剧下降，沉淀物中石英含量增加 42.6%，方解石含量则下降 45%。

由表 7.8 可知：当循环饱水化学试验次数由 1 次增至 4 次时，在 3 种 pH 溶液环境作用下，试样中方解石、伊利石、石英、高岭石等矿物参与反应的质量及生成蒙脱石矿物的质量继续增加，方解石增幅最明显，其中，pH 为 7 的溶液环境中方解石参与反应量由24.2%增至 36.1%，蒙脱石矿物生成量由 0.4%变为 0.7%，且随 pH 降低，土水化学反应更剧烈，参与反应矿物的质量及生成矿物质量继续增大。相比 pH 为 7 的 4 次循环水饱和环境，在 pH 为 5 和 3 的 4 次循环饱水化学试验后，方解石、伊利石、石英、高岭石等矿物参与反应的质量及蒙脱石矿物质量继续增大，其中方解石参与反应质量由 36.1%分别增至 62.2%、87.2%；伊利石参与反应质量由 5.9%分别增至 10.0%、23.3%；蒙脱石矿物生成量则由 0.7%分别增至 7.5%、21.6%。这说明随循环饱水次数增加，土体结构趋于松散，水-土化学反应由土体表层往深层拓展，试样中参与反应矿物及生成矿物的逐步增加，且酸雨入渗作用将促进土体黏土矿物间的反应，酸雨 pH 减小，土水化学反应越剧烈。

7.2.3 土体化学成分分析

本次试验在中南大学冶金与环境学院试验室进行，试验采用 LAB CENTER XRF-1800 荧光光谱仪（图 7.4）测定 1 次和 4 次循环饱水化学试验中试样及沉淀物中化合物成分，结果见表 7.9 ~ 表 7.12。因静态水（pH = 7）环境中沉淀物含量偏低，无法满足荧光光谱仪测试要求，表 7.11 ~ 表 7.14 中未列出相应试验结果。

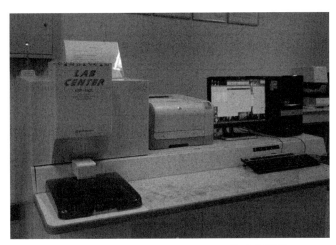

图 7.4   LAB CENTER XRF-1800 荧光光谱仪

表 7.9   1 次循环饱水化学试验中试样主要化合物成分及含量

主要化学成分	质量百分含量/%				
	原状样	pH = 7（静态水）	pH = 7	pH = 5	pH = 3
SiO_2	46.98	47.609	47.697	47.787	48.963
Al_2O_3	18.041	18.274	18.211	18.309	18.373
CaO	12.69	11.232	9.855	8.836	5.119
Fe_2O_3	7.958	7.883	7.512	6.971	5.001
K_2O	3.261	3.215	3.278	3.007	2.341

表 7.10   4 次循环饱水化学试验中试样主要化合物成分及含量

主要化学成分	质量百分含量/%				
	原状样	pH = 7（静态水）	pH = 7	pH = 5	pH = 3
SiO_2	46.98	47.133	47.576	47.994	49.562
Al_2O_3	18.041	18.091	18.347	18.772	19.033
CaO	12.69	11.120	9.688	8.519	4.342
Fe_2O_3	7.958	7.804	7.422	6.782	4.514
K_2O	3.261	3.183	3.223	2.911	2.113

表 7.11 1 次循环饱水化学试验中沉淀物主要化合物成分及含量

主要化学成分	质量百分含量/%				
	原状样	pH = 7（静态水）	pH = 7	pH = 5	pH = 3
SiO_2	46.98	—	53.957	54.887	55.063
Al_2O_3	18.041	—	20.89	20.509	21.173
CaO	12.69	—	3.155	2.036	1.023
Fe_2O_3	7.958		6.612	5.771	3.929
K_2O	3.26	—	3.153	2.657	1.341

表 7.12 4 次循环饱水化学试验中沉淀物主要化合物成分及含量

主要化学成分	质量百分含量/%				
	原状样	pH = 7（静态水）	pH = 7	pH = 5	pH = 3
SiO_2	46.98	—	54.049	55.342	55.925
Al_2O_3	18.041	—	21.069	20.730	21.615
CaO	12.69	—	3.092	1.911	0.835
Fe_2O_3	7.958	—	6.487	5.422	3.306
K_2O	3.26	—	3.096	2.498	1.130

分析表 7.9 ~ 表 7.12 可看出：百色膨胀土的主要化学成分为 SiO_2、Al_2O_3、CaO、Fe_2O_3、K_2O，其中 SiO_2 和 Al_2O_3 所占比重较大，是组成膨胀土矿物基本单元骨架结构的主要物质。根据表 7.9 ~ 表 7.12 和表 7.1、表 7.2 的测试结果，求得循环饱水化学试验前后试样及沉淀物中主要化学成分的含量，见表 7.13、表 7.14。

表 7.13 1 次循环饱水化学试验中主要化合物的质量

试验条件		矿物质量/g				
		SiO$_2$	Al$_2$O$_3$	CaO	Fe$_2$O$_3$	K$_2$O
pH = 7（静态水）	试验前试样质量	49.579	19.039	13.392	8.398	3.440
	试验后试样质量	48.919	18.777	11.541	8.100	3.303
	溶液中沉淀质量	—	—	—	—	—
	参与反应质量	—	—	—	—	—
pH = 7	试验前试样质量	48.759	18.724	13.170	8.259	3.383
	试验后试样质量	45.191	17.254	9.337	7.117	3.106
	溶液中沉淀质量	2.994	1.159	0.175	0.367	0.175
	参与反应质量	0.575	0.311	3.658	0.775	0.103
pH = 5	试验前试样质量	49.964	19.187	13.496	8.463	3.467
	试验后试样质量	45.471	17.422	8.408	6.633	2.861
	溶液中沉淀质量	4.317	1.613	0.160	0.454	0.209
	参与反应质量	0.176	0.152	4.928	1.376	0.397
pH = 3	试验前试样质量	49.636	19.061	13.407	8.408	3.444
	试验后试样质量	43.804	16.437	4.580	4.524	2.118
	溶液中沉淀质量	5.074	1.951	0.094	0.362	0.124
	参与反应质量	0.758	0.673	8.734	3.522	1.203

表 7.14   四次循环饱水化学试验中主要化合物的质量

试验条件		矿物质量/g				
		SiO_2	Al_2O_3	CaO	Fe_2O_3	K_2O
pH = 7 （静态水）	试验前试样质量	48.49	18.621	13.098	8.214	3.366
	试验后试样质量	45.799	17.579	10.805	7.583	3.093
	溶液中沉淀质量	—	—	—	—	—
	参与反应质量	—	—	—	—	—
pH = 7	试验前试样质量	47.623	18.288	12.864	8.067	3.306
	试验后试样质量	40.569	15.645	8.261	6.329	2.748
	溶液中沉淀质量	4.931	1.922	0.282	0.592	0.283
	参与反应质量	2.122	0.721	4.320	1.146	0.275
pH = 5	试验前试样质量	49.227	18.904	13.297	8.339	3.417
	试验后试样质量	40.691	15.916	7.223	5.750	2.468
	溶液中沉淀质量	6.271	2.349	0.217	0.614	0.283
	参与反应质量	2.265	0.639	5.857	1.974	0.666
pH = 3	试验前试样质量	48.066	18.458	12.983	8.142	3.336
	试验后试样质量	36.683	14.087	3.214	3.341	1.564
	溶液中沉淀质量	9.068	3.505	0.135	0.536	0.183
	参与反应质量	2.315	0.866	9.634	4.265	1.589

分析表 7.13、表 7.14 可看出：静态水饱和环境（pH = 7）饱和 1 周后，试样中 SiO_2、Al_2O_3、CaO、Fe_2O_3、K_2O 等化合物含量出现下降，且以 CaO 含量降幅最为明显，达到 13.8%；当静态水饱和环境（pH = 7）饱和 4 周后，各化合物含量继续下降。与静态水饱和环境（pH = 7）相比，在 3 种 pH 的循环饱水环境中，上述化合物含量减少更多。这也

说明实际循环饱水环境更有利于膨胀土中各化合物进行水-土化学反应，进一步验证了前述循环饱水化学试验过程中土体的矿物质变化规律。

随溶液 pH 下降，循环饱水化学试验试样中 SiO_2、Al_2O_3、CaO、Fe_2O_3、K_2O 等化合物参与反应的质量出现增加。当 pH 由 7 变为 3 时，1 次循环饱水化学试验参与反应的 SiO_2、Al_2O_3、CaO、Fe_2O_3、K_2O 等氧化物质量分别由 0.575 g、0.311 g、3.658 g、0.775 g、0.103 g 增至 0.758 g、0.673 g、8.734 g、3.522 g、1.203 g。显然，在相同循环饱水环境作用下，试样中 CaO、Fe_2O_3、K_2O 等氧化物的溶蚀量明显大于 SiO_2、Al_2O_3，且随循环饱水次数增至 4 次时，各化合物溶蚀量继续增大，同时，上述化合物间的差异随溶液 pH 下降而进一步变大。

究其原因主要是 CaO、Fe_2O_3、K_2O 等游离氧化物在膨胀土中均是以胶结物的形式存在，它们受酸雨的侵蚀极易被溶蚀。因 SiO_2 和 Al_2O_3 中仅有很少部分是以游离态形式存在的，故其大部分将不会溶于酸或水。这是因为硅元素基本单元以硅氧四面体方式联结，而铝元素基本单元则以铝氧八面体方式联结，二者均为组成膨胀土黏土矿物的基本单元骨架结构物质，性质较为稳定。

随溶液 pH 下降，溶液中沉淀物含量增加，且随循环饱水次数由 1 次增至 4 次时，沉淀物含量进一步增大。在 1 次循环饱水化学试验中，pH 由 7 变为 3 时，沉淀物中 SiO_2 和 Al_2O_3 质量则由 2.994 g、1.159 g 增至 5.074 g、1.951 g，增幅分别达 69.5% 和 68.3%。经 4 次循环饱水化学试验后，pH 为 7 的循环饱水化学试验的沉淀物中 SiO_2 和 Al_2O_3 含量相比 1 次的增加了 64.7% 和 65.8%；与 pH 为 7 的相比，pH 为 3 的沉淀物中 SiO_2 和 Al_2O_3 质量则分别增加了 83.9% 和 84.7%。

这说明膨胀土中起结构骨架作用的 SiO_2 和 Al_2O_3 虽难以与酸雨反应，但在其他矿物及氧化物的溶蚀和渗流的冲刷作用下，会导致膨胀土中骨架结构物稳定性下降，进而出现松动脱落，加之干湿循环叠加作用，其松动脱落量继续增大。

7.2.4 溶液中阳离子分析

采用电感耦合等离子体发射光谱仪（图 7.5）测定 1 次和 4 次循环饱水化学试验后溶液中阳离子成分，测试结果见表 7.15 和表 7.16。

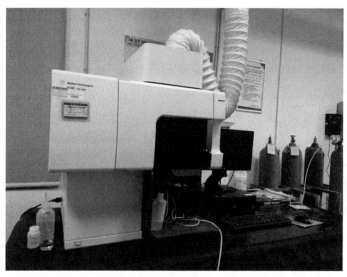

图 7.5　电感耦合等离子体发射光谱仪

表 7.15　1 次循环饱水化学试验中主要阳离子成分与含量　　　　单位：mg/L

溶液主要阳离子	pH = 7（静态水）	pH = 7	pH = 5	pH = 3
Al^{3+}	0.098	0.532	0.764	1.092
Ca^{2+}	6.643	29.704	44.384	65.366
Fe^{3+}	0.068	0.106	0.204	0.404
K^+	1.672	2.036	2.384	3.183
Mg^{2+}	1.508	2.236	2.412	3.016

表 7.16　4 次循环饱水化学试验中主要阳离子成分与含量　　　　单位：mg/L

溶液主要阳离子	pH = 7（静态水）	pH = 7	pH = 5	pH = 3
Al^{3+}	0.108	0.532	0.534	1.092
Ca^{2+}	7.230	35.456	49.458	85.343
Fe^{3+}	0.104	0.106	0.386	0.404
K^+	1.867	2.521	2.943	4.021
Mg^{2+}	1.972	2.236	2.347	3.654

由表 7.15 和表 7.16 可知：不同 pH 溶液中主要阳离子成分为 Ca^{2+}、K^+、Mg^{2+} 和少量 Fe^{3+} 和 Al^{3+}；相比 pH 为 7 的静态水饱和环境，1 次 pH 为 7 的循环饱水化学试验后，溶液中 Ca^{2+} 含量大幅增加，其他阳离子含量略有增长，且随溶液 pH 减小，该变化趋势更显著。1 次循环饱水化学试验后，当 pH 由 7 变为 3 时，溶液中 Ca^{2+} 含量分别由 29.704 mg/L 增至 65.366 mg/L，增幅为 120%；K^+ 的含量由 2.036 mg/L 增至 3.183 mg/L，增幅为 56.3%；Fe^{3+} 的含量由 0.106 mg/L 增至 0.484 mg/L，增幅为 281.1%；Mg^+ 的含量由 2.236 mg/L 增至 3.016 mg/L，增幅为 34.9%；Al^{3+} 的含量由 0.532 mg/L 增至 1.092 mg/L，增幅为 105.1%。

当循环饱水次数由 1 次增至 4 次时，溶液中上述阳离子浓度继续增大，且溶液 pH 越小，阳离子浓度增幅越大。4 次循环饱水化学试验后，与 pH 为 7 的相比，在 pH 为 3 的环境下，溶液中 Ca^{2+} 含量分别由 35.456 mg/L 增至 85.343 mg/L，增幅为 180.1%；K^+ 的含量由 2.521 mg/L 增至 4.021 mg/L，增幅为 69.3%；Fe^{3+} 的含量由 0.201 mg/L 增至 0.885 mg/L，增幅为 340.3%；Mg^+ 的含量由 2.371 mg/L 增至 4.054 mg/L，增幅为 71.0%；Al^{3+} 的含量由 0.641 mg/L 增至 1.597 mg/L，增幅为 149.1%。

这表明在酸雨入渗作用下膨胀土中黏土矿物间反应将变剧烈，离子交换作用增强，阳离子不断被析出，且在干湿循环叠加作用后，促进了土体中微孔隙发育，增大了酸雨与土颗粒间接触面积，水-土化学作用更充分，导致阳离子析出量进一步增大。

前述 7.2.2 节分析结果中得到随酸雨 pH 减小，循环饱水化学试验中伊利石含量将减小，蒙脱石含量则增加，结合不同 pH 溶液中离子浓度测试结果可知，试样中伊利石含量减小及蒙脱石矿物含量增加主要是因酸雨入渗作用下试样中蒙脱石、伊利石及高岭石等黏土矿物间相互反应加剧，离子交换作用增强，K^+ 被溶液中 Ca^{2+} 等高价阳离子置换而析出，将导致伊利石出现脱钾，转变为不稳定的蒙脱石矿物。

7.3 膨胀土水-土化学作用的反向模拟

在涉及水-岩相互作用水文地质研究方面，地球化学模拟技术已成为处理许多问题的手段[169]。欧亚波[170]利用质量平衡模型研究水文地球化学演化过程。周海燕等[171]通过 NETPATH 还原了泉区范围内热水的水化学特性，结果表明从化温泉不同位置处的水化学特征相似径流中具备类似的化学反应。潘根兴等[172]通过试验手段，通过 DBL 模型对土壤与灰岩岩溶系统进行仿真还原。谢水波等[173]通过 PHREEQCE 程序提出了研究对象范围内浅层地下水中 U（Ⅵ）转移的一维溶质耦合模型。刘媛[92]采用 PHREEQCE 程序模拟分析了三峡库区滑坡水土作用体系的水-土化学作用机理，定量研究了水土作用体系中存在的诸多地球化学反应。

水-岩（土）相互作用一般通过试验和模拟手段进行研究。通常认为，水与岩的相互作用试验所需时间较多，而在相应模型参数已确定的前提下，计算机程序可大大缩减所耗成本且能获得相同的结果，故其不失为一种可替代试验的方式。

本章采用 PHREEQCE 地球化学模拟软件，结合室内循环饱水化学试验结果，开展酸雨-膨胀土水-土化学作用模拟工作。

7.3.1　PHREEQCE 软件介绍

PHREEQCE 软件主要用于模拟地球上的水-岩（土）相互作用[174]。该软件既可精细地表述水-岩（土）化学反应的局部平衡，又能还原双重介质中多组分溶质的一维对流-弥散。而针对溶液成分复杂情况，PHREEQCE 可通过不同的方程表达式对水-岩（土）相互作用中的各项参数进行表述，包括水的活度、离子强度等。此外，该软件还能对一些化学反应过程进行自主描述。PHREEQCE 软件界面如图 7.6 所示。

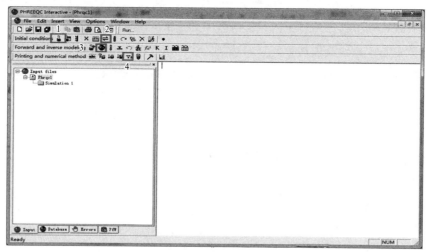

1—Solution（溶液）；2—Equilibrium Phase（平衡相）；3—Reaction（反应）；
4—Selected output（选择性输出）。

图 7.6　PHREEQCE 软件界面

7.3.2 潜在相关水-土化学反应

根据广西百色膨胀土地区降酸雨情况、土体基本物质组成及室内循环饱水化学试验结果，得出膨胀土与雨水间潜在土-水化学反应主要有：方解石及游离氧化物的溶蚀、离子交换作用、黏土矿物与溶液间物理化学作用等。相关水-土化学反应式如下：

$$SiO_2 + 2H_2O \Longrightarrow H_4SiO_4 \qquad \text{石英（7.2）}$$

$$CaCO_3 + CO_2 + H_2O \Longrightarrow Ca^{2+} + 2HCO_3^- \qquad \text{方解石（7.3）}$$

$$CaCO_3 + 2H^+ \Longrightarrow Ca^{2+} + CO_2 + H_2O \qquad \text{方解石（7.4）}$$

$$KAl_3Si_3O_{10}(OH)_2 + 10H^+ \Longrightarrow K^+ + 3Al^{3+} + 3H_4SiO_4 \qquad \text{伊利石（7.5）}$$

$$Al_2Si_2O_5(OH)_4 + 6H^+ \Longrightarrow 2Al^{3+} + 2H_4SiO_4 + H_2O \qquad \text{高岭石（7.6）}$$

$$Fe_2O_3 + 6H^+ \Longrightarrow 2Fe^{3+} + 3H_2O \qquad \text{赤铁矿（7.7）}$$

$$Ca_{0.17}Al_{2.33}Si_{3.67}O_{10}(OH)_2 + H^+ \longrightarrow Ca^{2+} + Al^{3+} + H_4SiO_4 \qquad \text{I 类蒙脱石（7.8）}$$

$$Ca_{0.2}(Al, Mg)_2SiO_{10}(OH)_{2.4}H_2O + H^+ \longrightarrow$$

$$Ca^{2+} + Mg^{2+} + Al^{3+} + H_4SiO_4 \qquad \text{II 类蒙脱石（7.9）}$$

$$Fe^{3+} + 3KX(s) \longrightarrow MgX(s) + 3K^+ \qquad (7.10)$$

$$Ca^{2+} + 2KX(s) \longrightarrow CaX(s) + 2K^+ \qquad (7.11)$$

$$Mg^{2+} + 2KX(s) \longrightarrow MgX(s) + 2K^+ \qquad (7.12)$$

上述地球化学反应式中，式（7.2）~式（7.8）为溶蚀与沉淀作用；式（7.10）~式（7.12）为离子交换作用。

7.3.3 酸雨-膨胀土反向模拟计算

一般情况下，雨水在表层土渗透过程中的地质组成及构造可通过该区域内井水和雨水的化学组成进行分析和预测。井水的形成过程可表述为：雨水下渗时矿物相间的相互作用（溶解、沉淀）使得化学组成改变而产生井水。同理，本次研究可通过分析循环饱水试验过程中溶液和土体成分的变化情况，进行反向模拟计算，探究酸雨环境下水-土化学作用演化过程。其主要过程如图 7.7 所示。

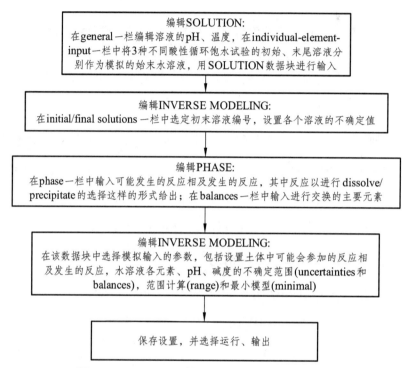

图 7.7　PHREEQCE 软件反向模拟计算主要流程

　　为保证模拟结果的精确性，通过假定不准确系数来判别及拟合反向模拟过程中的不确定条件。为减少模拟过程中的误差，确定本章的模型不确定系数为 0.05[175-176]。

7.3.4　反向模拟结果分析

　　根据百色膨胀土基本矿物组成及 1 次循环饱水化学试验结果，采用 PHREEQC 软件模拟得到酸雨入渗作用下相关反应物及含量，模拟结果见表 7.17，表中负值代表沉淀，正值代表溶解。

表 7.17　参与化学作用各反应相的反应量模拟结果　　　　单位：moL

反应相	pH = 7	pH = 5	pH = 3
蒙脱石	-8.873×10^{-6}	-1.050×10^{-5}	-2.207×10^{-5}

续表

反应相	pH = 7	pH = 5	pH = 3
方解石	1.287×10^{-4}	2.453×10^{-4}	8.799×10^{-4}
伊利石	-4.987×10^{-5}	-5.132×10^{-5}	-6.845×10^{-5}
高岭石	-7.886×10^{-5}	-3.229×10^{-5}	-3.158×10^{-5}
石英	1.550×10^{-5}	2.137×10^{-6}	5.983×10^{-6}

分析表 7.17 可知：3 种不同降雨环境下，膨胀土中主要反应相的反应物质的量主要在 $10^{-6} \sim 10^{-4}$ 的数量级之间。其中，方解石的溶解（10^{-4}）为主导反应，其次为离子交换作用和伊利石、高岭石、蒙脱石等黏土矿物间的反应（$10^{-5} \sim 10^{-6}$）及石英中游离 SiO_2 的溶蚀。在循环饱水化学试验中，方解石的溶解、蒙脱石、伊利石及高岭石等黏土矿物间的反应及离子交换作用对酸雨与膨胀土间整个水-土作用过程起主要影响作用；同时，酸雨 pH 对整个反应过程有重要影响，酸雨 pH 越小，水化学反应过程越剧烈。

7.4　本章小结

（1）循环饱水环境促进了膨胀土中矿物质的溶蚀与溶解，加速了膨胀土结构的破坏；相比静态水饱和环境，pH 为 7 的循环饱水化学试验后，溶液中沉淀及参与反应的矿物质量均增加，分别为前者的 3.45 倍和 1.27 倍，且酸雨 pH 越小，该变化趋势越明显。

（2）酸雨入渗作用促进了膨胀土中黏土矿物间的反应，酸雨 pH 减小，土水化学反应越剧烈；相比 pH 为 7 的 4 次循环水饱和环境，pH 为 5 和 3 的 4 次循环饱水化学试验后，方解石、伊利石、石英、高岭石等矿物参与反应的质量及蒙脱石矿物含量继续增大，其中方解石参与反应质量由 36.1% 分别增至 62.2%、87.2%。

（3）在相同循环饱水环境作用下，膨胀土中 CaO、Fe_2O_3、K_2O 等氧化物的溶蚀量明显大于 SiO_2、Al_2O_3，且随循环饱水次数增至 4 次时，各化合物溶蚀量继续增大，同时，上述化合物间的差异随溶液 pH 下降，而进一步变大。

（4）酸雨入渗作用下伊利石与蒙脱石间相互反应加剧，离子交换作用增强，伊利石脱钾转变为蒙脱石黏土矿物，导致伊利石含量减少，蒙脱石含量增加，且酸雨 pH 越小及循环饱水化学试验次数越多，该反应越剧烈。

（5）膨胀土中起结构骨架作用的 SiO_2 和 Al_2O_3 虽难以与酸液反应，但酸雨入渗作用促进了膨胀土中 CaO、Fe_2O_3、K_2O 和 MgO 游离氧化物及方解石的溶蚀，在渗流的冲刷作用下，导致膨胀土中骨架结构物稳定性下降，进而出现松动脱落，且酸雨 pH 越小，脱落现象越严重。当 pH 由 7 变为 3 时，沉淀物中 SiO_2 和 Al_2O_3 质量则由 6.1%、6.2%增至 10.1%、10.2%，且随循环饱水化学试验次数增加，该变化趋势更明显。

（6）膨胀土水-土化学作用中主导反应为方解石的溶解，还包括蒙脱石、伊利石、高岭石等黏土矿物之间的反应，石英中游离 SiO_2 胶结物的溶蚀，以及离子交换作用。其中方解石的溶解、黏土矿物间的反应及离子交换作用对酸雨溶液与膨胀土间整个水-土作用过程起主要影响作用。

酸雨干湿循环作用下膨胀土基本性能的劣化机理

膨胀土基本性能的劣化与其化学成分、矿物成分、结构性能及所处水化学环境密切相关，并受到这些因素综合作用影响。汪强强[177]、刘松玉[178]、Robert[179]、Al-Homond[180]等开展过中性水干湿循环作用下膨胀土基本特性劣化机理研究。然而，目前未见探究酸雨及干湿循环共同作用致使膨胀土基本性能劣化的工作报道。弄清两者共同作用下膨胀土基本性能劣化机理，对研究酸雨区膨胀土的水-土化学理论、分析边坡稳定性及其工程处治措施意义重大。

为此，本章梳理前文酸雨干湿循环作用下膨胀土基本性能、微细观结构、矿物成分演变及水-土化学试验的研究成果，从膨胀土中矿物与胶结物质演变、叠聚体微结构与细观结构变化及基本性能劣化等方面入手，借鉴双电层理论及黏土矿物学原理，探讨酸雨干湿循环作用使膨胀土基本性能劣化的机理。

8.1 矿物与胶结物质演变机理

8.1.1 黏土矿物与溶液间物理化学作用

8.1.1.1 黏土矿物间物理化学反应

黏土矿物包括非片状黏土矿物（如埃洛石、绿坡缕石等）和片状黏土矿物（蒙脱石、伊利石和高岭石三个大类）。结合本书 6.2.1 节扫描电镜试验结果（图 6.6）可知，百色膨胀土中主要存在蒙脱石、伊利石和高岭石等黏土矿物，且主要呈面-面接触叠聚形式排列，定向性好，其以自相集聚方式构成黏土基质，具有典型片状黏土矿物特征结构。

通常，孔隙水化学性质的改变，往往会影响黏土矿物颗粒的带电性质及粒间物理化学应力，黏土矿物颗粒与溶液间易发生离子交换和边缘电性改变等物理化学作用，进而影响其力学性质[181]。Shuzui 等[42]开展了酸性环境作用下的滑坡研究，指出其他黏土矿物通过离子交换作用而转变为蒙脱石，导致滑面强度下降。赵宇等[11]研究黏土抗剪强度演化与酸雨引发滑坡的相关性，得出黏土矿物成分从含部分伊利石和伊/蒙混层矿物演化成含蒙脱石为主，导致土体结构稳定性下降而诱发滑坡。刘媛等[92]发现酸性条件能促进土中钾长石、伊利石中的钾离子被 H^+ 置换，生成不稳定的蒙脱石等黏土矿物，不利土体稳定；此外，Anson 等[182]研究酸雨与山体滑坡过程中也得出相似结论。

从本书 7.2.3 节 X 射线衍射试验的研究成果可知，酸雨环境作用促进了伊利石、高岭石与蒙脱石等黏土矿物间的反应，离子交换作用增强，蒙脱石含量增加，伊利石含量减少，且经干湿循环叠加作用后，该变化趋势更显著。从酸雨溶液中观测到了 K^+ 的析出，这是因黏土矿物间相互反应，使 K^+ 被高价阳离子置换而析出，伊利石脱钾转变成不稳定的蒙脱石，蒙脱石含量的增加将导致膨胀土的亲水性增强，进而增大土体结构的不稳定性。

8.1.1.2　离子交换作用

根据 Hofmeister 序列，离子吸附的顺序为 $H^+<Na^+<Li^+<Rb^+<Cs^+<Mg^{2+}<Ca^{2+}<Ba^+<Cu^{2+}<Al^{3+}<Fe^{3+}<Th^{4+}$。酸雨环境作用促使膨胀土中 Ca^{2+}、Fe^{3+}、K^+、Mg^{2+} 分别析出，随酸雨 pH 减小，这些阳离子析出量增大，干湿循环叠加作用促进微孔隙发育，使酸雨与黏土矿物间接触面积增大，膨胀土中阳离子交换作用更剧烈。由本书 7.3.4 节 PHREEQCE 软件模拟结果及 7.3.2 节中膨胀土与酸雨间土-水化学反应原理可知，整个土水化学作用体系中，离子交换作用主要体现为 K^+ 被高价阳离子置换。而百色膨胀土黏土颗粒表面带负电荷，对阳离子形成静电吸引，溶液中阳离子与黏土颗粒表面间进行离子交换作用，且随酸雨 pH 减小，离子交换作用增强，这将改变土体的双电层的结构，影响颗粒间相互作用，进而影响土体宏观物理力学性能。

8.1.2　碳酸盐类矿物及游离氧化物的溶蚀

8.1.2.1　碳酸盐类矿物的溶蚀

由本书 7.2.3 节 X 射线衍射试验的研究成果可知，百色膨胀土中主要碳酸盐类矿物成分为方解石。方解石作为一种可溶性碳酸盐，主要成分为 $CaCO_3$，在膨胀土中既可参与组建膨胀土骨架，也能作为胶结物质起结构联结作用。

　　酸雨环境作用加剧了方解石的溶蚀，且干湿循环叠加作用后，该变化趋势更显著。通常，碳酸盐类矿物主要以孔隙填充方式分布于土粒之间的孔隙中（图 8.1），对土体结构起到重要胶结作用。碳酸盐的大量溶蚀，将导致土粒间结构联结强度下降，土体孔隙增大，由较致密结构变为较疏松结构，这是导致土体结构稳定性下降的重要肇因。

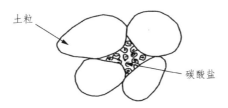

图 8.1　碳酸盐填充于土粒孔隙

8.1.2.2　游离氧化物的溶蚀

　　从本书 7.2.3 节荧光光谱试验的研究成果可知，百色膨胀土中存在的 SiO_2、Al_2O_3、K_2O、MgO 和 CaO、Fe_2O_3 等游离氧化物为膨胀土中主要胶结物质。通常游离氧化物多以无定形的形式存在，在土颗粒之间起胶结作用，对土体结构强度具有重要影响。同时，这些胶结物质具有较为活跃的表面性质和化学性质，能够改变黏土矿物颗粒表面的带电性质以及阳离子交换总量，进而改变黏土矿物颗粒的聚集性质。

　　廖世文[183]和罗鸿禧等[184]采用化学分析法对湖北郧阳区和陕西安康膨胀土的胶结作用做过研究，发现游离氧化铁和碳酸盐等胶结物的存在使土体结构性增强。廖世文[116]在其专著中指出膨胀土中多种胶结物的胶结作用，加强了土中叠聚体间的结构联结，且这种结构强度属于物理化学联结形成的不可逆的联结强度；一旦溶液介质条件发生变化，胶结物的理化性质改变，该结构强度容易丧失。

　　酸雨环境作用下百色膨胀土中 CaO、Fe_2O_3、K_2O 和 MgO 等游离氧化物含量降低，随酸雨 pH 降低，该变化趋势愈明显；此外，干湿循环作用促进微孔隙发育，使游离氧化物与酸雨间接触面积增大，水-土化学作用更剧烈，其在膨胀土叠聚体间所起结构联结作用逐步丧失，导致土颗粒联结强度发生不可逆下降。

8.2 叠聚体微结构及细观结构演变机理

8.2.1 叠聚体微结构受力分析

高国瑞[157]指出，膨胀土微结构中叠聚体是产生胀缩性最主要的基本单元，其通过自相集聚方式构成黏土基质，叠聚体在土体结构中所占比重越大，土体膨胀性越强。Wang等[75]分别选取 pH = 4 和 7.8 溶液侵蚀后的高岭土进行扫描电镜试验，发现前者试样微结构中出现边-面接触和面-面接触，且面-面接触排列趋于紊乱，而后者试样微结构排列趋于一致，认为土体颗粒的形状、大小、填充方式及排列的不规则性，一定程度上有助于扩大叠聚体中的孔隙；此外，廖世文[116]曾指出除蒙脱石外，像伊利石和高岭石等黏土矿物，一旦其具有面-面接触的叠聚结构形式，都可以产生结构性膨胀。这与本书 6.2.1 节扫描电镜试验观测到的土体微结构变化现象类似（图 6.6）。

易念平等[185]曾探究了水-土化学作用下土体粒状颗粒基本结构单元及结构单元间接触与联结的力学作用机理，借鉴其研究思路，根据本书 6.2.1 节扫描电镜试验、第 7 章循环饱水化学试验研究结果，并结合 8.1 节中膨胀土中矿物与胶结物质演变机理，按照百色膨胀土的特殊叠聚体微结构特征，构建并绘制叠聚体间胶结作用结构模型（图 8.2）进行受力分析。

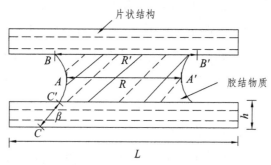

图 8.2　膨胀土叠聚体间胶结作用结构模型

由本书第 6 章微观试验研究的分析结论，百色膨胀土的微结构是以片状叠聚体为主体并由胶结物质联结而成的，此微结构若发生破坏只可能与叠聚体间自身的胶结能力、叠聚体与胶结物质联结处的薄弱以及胶结物质本身在某处的强度不足有关。这样根据图 8.2 叠聚体间胶结作用简化结构模型，可确定其发生破坏的 3 种可能：

（1）叠聚体间胶结能力很强，膨胀土微结构破坏沿胶结物质薄弱处即 A—A' 截面发生剪切破坏。

（2）叠聚体间胶结能力较弱，膨胀土微结构破坏沿着片状叠聚体与胶结物质接触面即 B—B' 截面拉裂。

（3）叠聚体间胶结能力较强，同时胶结物质强度较高，膨胀土微结构破坏沿胶结物质接触应力集中点即 C—C' 截面发生冲切破坏。

假设：胶结物质薄弱部位 A—A' 截面的直径为 R，胶结物质结构强度为 σ_τ；胶结物质与片状叠聚体接触面的直径为 R'，接触面的抗拉强度为 σ_t；片状叠聚体的长度为 L，宽度为 $W(L \geqslant W)$，厚度为 h；沿 C—C' 截面的冲切破坏面与片状叠聚体结构的夹角为 β，此时叠聚体结构沿冲切破坏面的抗剪强度为 σ_φ。则可分别建立如下 3 种可能破坏模式的力学方程。

（1）胶结物质剪切破坏，剪切力 P_τ 的力学方程为：

$$P_\tau = \sigma_\tau \times \pi R^2 \tag{8.1}$$

（2）片状叠聚体与胶结物质接触面拉裂，拉力 P_t 的力学方程为：

$$P_t = \sigma_t \times \pi R'^2 \tag{8.2}$$

（3）片状叠聚体结构应力集中部位冲切破坏，冲切力 P_φ 的力学方程为：

$$P_\varphi = \sigma_\varphi \times W \cdot h \csc \beta \tag{8.3}$$

上述公式为建立在单个叠聚体上的微结构力学方程，而土体是由多个单叠聚体微结构随机组合而成的，叠聚体之间也都是被胶结物质随机联结。假设叠聚体外表面连接的叠聚体平均个数为 k，第 j 个叠聚体的表面积为 A_j，若全部叠聚体间被胶结物质充满（即没有空隙），则土体任意横截面的平均强度为：

$$\sigma = k \times \frac{P_{\min}}{\sum\limits_{j}^{k} A_j} \tag{8.4}$$

其中：$P_{\min}$ 为式（8.1）～式（8.3）中最先发生破坏的最小受力。由前分析可知，土体中大量随机分布孔隙，土体任意横截面的强度必须考虑孔隙的影响。令土体任意横截面上孔隙的面积 A_a 与其面积 A_s 的比值为 ξ，即

$$\xi = \frac{A_a}{A_s} = \alpha \cdot \frac{V_a}{V_s} = \alpha e \tag{8.5}$$

式中：e 为土体的孔隙比；α 为孔隙平均半径与颗粒体平均半径的比有关的参数，$\alpha \propto \dfrac{r_a}{r_s}$。则任意土体横截面上的平均强度为：

$$\sigma = k \times \frac{P_{\min}}{(\alpha e \cdot \sum_{j}^{k} A_j)} \tag{8.6}$$

从式（8.6）中可知：在酸雨干湿循环作用下，膨胀土中游离氧化物及碳酸盐等胶结物加速溶蚀，导致叠聚体间联结强度下降，叠聚体微结构形态由面-面接触转为边-面接触，此时破坏发生在截面 A 处，叠聚体结构单位失去平衡状态。加之降雨入渗过程中渗流的冲刷作用，使土颗粒骨架结构松散脱落，这些胶结物质及土颗粒骨架结构物的变化，将引起土颗粒间平均强度减小。此外，伊利石脱钾转变为不稳定蒙脱石黏土矿物也将使土体结构稳定性下降，颗粒的表面积、颗粒体与胶结物质的力学性能及土体的孔隙都将发生变化，加速土体结构的劣化。

具体的影响为：

（1）胶结物质（游离氧化物和方解石）溶蚀使颗粒体分散，颗粒体平均连接颗粒体个数 k 减小，土体横截面上的平均强度 σ 减小。

（2）胶结物质溶蚀及土颗粒骨架的脱落将使得颗粒微结构有效面积（A_r、A_t、A_φ）减小，$P_{\min}$ 减小，土体横截面的平均强度 σ 减小。

（3）土颗粒骨架的脱落使细颗粒增加、分散度变大，导致叠聚体的总表面积 $\sum_{j}^{k} A_j$ 增加，对应土体横截面的平均强度 σ 减小。

（4）式（8.5）中的有关参数 α 和孔隙比 e 均增大，致使土体横截面的平均强度 σ 减小。

8.2.2 细观结构孔隙演化分析

土的细观结构由孔隙、土颗粒、胶结物质组成，其中土颗粒之间由胶结物质胶结组成土的骨架，孔隙随机分布于骨架中。根据固相体是否溶于水或酸可分为可溶相和不可溶相，不可溶相与难溶胶结物质组成土的骨架，土中孔隙主要被水和气占据。

在酸雨干湿循环作用下，土颗粒体中易溶盐（方解石）、游离氧化物等胶结物质被溶蚀，黏土矿物间相互反应及离子交换作用加剧，使土体微观结构改变；随胶结物质的不断溶蚀，加之降雨入渗过程中渗流的冲刷作用，土体骨架结构松散脱落，孔隙数目和体积逐渐增加，促使土体细观结构发生变异。假设饱和膨胀土三相体关系如图 8.3 所示[186]。

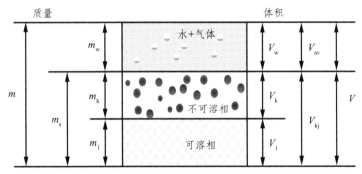

图 8.3　饱和膨胀土三相体关系

图中：m 为饱和土总质量，m_s 为固体相质量（$m_k + m_j$），m_w 为水的质量，m_k 为不可溶蚀相质量，m_j 为可溶蚀相质量，V 为饱和土总体积，V_k 不可溶蚀相体积，V_j 为可溶相体积，V_{av} 为固相形成的孔隙体积，V_w 为水的体积，V_{kj} 为固相体积（$V_k + V_j$）。

（1）不可溶蚀相相对密度 d_k：

$$d_k = \frac{m_k}{V_k \rho_w} \tag{8.7}$$

其中：ρ_w 为水的密度。

（2）不可溶蚀相相对密度 d_j：

$$d_j = \frac{m_j}{V_j \rho_w} \tag{8.8}$$

（3）孔隙比 e_{av} 为孔隙体积与固相体积之比，即

$$e_{av} = \frac{V_{av}}{V_k + V_j}$$

（8.9）

（4）可溶蚀率 B 为可溶蚀相质量与不可溶蚀相质量之比：

$$B = \frac{m_k}{m_j} \times 100\%$$

（8.10）

由式（8.10）可得：

$$m_k = m_s - m_j = m_s(1 - B)$$

（8.11）

假定土样中可溶相溶蚀的部分形成的孔隙体积全部被水充满，则有：

$$V_{av} = V_w$$

（8.12）

其中：

$$V_w = m_w / \rho_w$$

（8.13）

将式（8.8）和式（8.13）代入式（8.12）可得：

$$e_{av}(V_k + V_j) = \frac{wm_s}{\rho_w}$$

（8.14）

其中：

$$V_k = \frac{m_k}{d_k \rho_w} = \frac{(1 - B)wm_s}{d_k \rho_w}$$

（8.15）

$$V_j = \frac{m_l}{d_j \rho_w} = \frac{Bm_s}{d_j \rho_w}$$

（8.16）

由式（8.14）、式（8.15）和式（8.16）可得：

$$e_{av} = \frac{m_s d_k d_j}{(m_j d_k + m_k d_j)}$$

（8.17）

对于特定的土样，m_{w}、m_{k}、d_{j}、d_{k} 是一个定量。由式（8.17）可知：土样在酸雨环境作用下溶蚀形成的孔隙与溶蚀的质量有关，土体溶蚀直接导致土体微结构变化，进而诱发细观结构变异。为了建立酸雨干湿循环作用下土样孔隙变化的演化方程，假定干湿循环后试样饱水后体积保持不变，则有：

$$\frac{1}{\Delta e_{\text{av}}} = \frac{V_{\text{k}} + V_{\text{j}} + V_{\text{av}}}{V_{\text{av}}} - 1 = \frac{V}{\Delta V_{\text{av}}} - 1 \tag{8.18}$$

在饱和状态下可溶蚀相溶蚀后形成的孔隙全部被水充满，则有：

$$\Delta V_{\text{av}} = \Delta V_{\text{j}} = \frac{\Delta m_{\text{w}}}{\rho_{\text{w}}} \tag{8.19}$$

将式（8.8）代入式（8.19）可得：

$$\Delta V_{\text{av}} = \frac{\Delta m_{\text{w}}}{d_{\text{j}}\rho_{\text{w}}} \tag{8.20}$$

将式（8.20）代入式（8.18）中得：

$$\frac{1}{\Delta e_{\text{av}}} = \frac{V d_{\text{j}}\rho_{\text{w}}}{\Delta m} - 1 = \frac{m d_{\text{j}}\rho_{\text{w}}}{\rho \Delta m} - 1 = \frac{d_{\text{j}}\rho_{\text{w}}}{\rho\varphi} - 1 \tag{8.21}$$

其中溶蚀率 $\varphi = \dfrac{\Delta m_{\text{j}}}{m} \times 100\%$，$\rho$ 为土样天然密度。

由式（8.21）化简可得：

$$\Delta e_{\text{av}} = \frac{\rho\varphi}{\rho_{\text{j}-}\rho\varphi} \tag{8.22}$$

其中 ρ_{j} 为可溶相的密度，$\rho_{\text{w}} \leqslant \rho_{\text{j}} \leqslant \rho_{\text{k}}$。$\varphi$ 为与干湿循环次数和水溶液有关的参数。

经酸雨干湿循环作用后，试样溶蚀率的结果，见表8.1。

表 8.1　不同酸雨环境下干湿循环土样溶蚀率（%）

干湿循环次数	pH		
	3	5	7
1	8.65	5.76	3.79
2	10.82	6.79	4.48
3	12.33	8.01	5.82
4	14.18	9.56	7.13

　　由表 8.1 可知：土样溶蚀率随干湿循环次数增加而增大，随 pH 增加而减小；溶蚀率与干湿循环次数具有良好的线性关系，可用如下函数进行拟合：

$$\varphi = a + bN \tag{8.23}$$

式中：N 为干湿循环次数。通过最小二乘法对试验结果进行拟合，见图 8.4；其拟合参数见表 8.2。

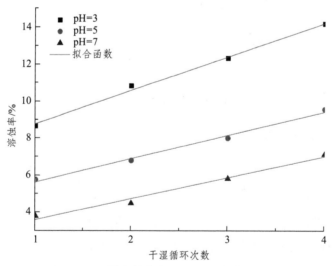

图 8.4　土样溶蚀率与干湿循环次数的关系

表 8.2 溶蚀率与干湿循环次数的拟合参数

pH	a	b
3	6.97	1.81
5	3.875	1.412
7	2.465	1.136

由表 8.2 可知：溶蚀率函数的参数 a、b 是与 pH 有关的参数。参数值与 pH 的变化关系如图 8.5 所示。

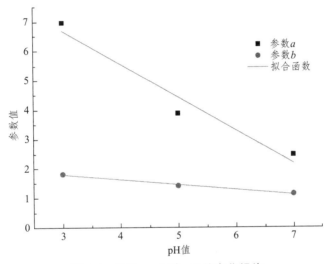

图 8.5 参数 a、b 随 pH 的变化规律

通过对参数进行拟合可得：

$$a = 10.067 - 1.126\Omega \qquad (8.24)$$

$$b = 2.295 - 0.169\Omega \qquad (8.25)$$

式中：Ω 表示 pH。将式（8.24）和式（8.25）代入式（8.23）即可得到土样溶蚀率与干湿循环次数和 pH 的经验方程：

$$\varphi = 10.067 - 1.126\Omega + (2.295 - 0.169\Omega)N \qquad (8.26)$$

将式（8.26）代入式（8.22）则可得不同酸雨环境下干湿循环的土样孔隙变化特征方程。

8.3　膨胀土基本性能的劣化机理

结构是决定和影响土体工程地质性质的极其重要因素。许多研究证实膨胀土的理化性质和水理性质主要受膨胀土的物质成分所主导；而其胀缩性、强度特性及变形特性则主要受制于膨胀土的结构特征。以往在土结构研究中，研究者们通常集中于结构的形态特征描述，较少考虑结构单元的联结作用。

通常黏土矿物的微结构形态主要包括絮凝结构、聚集结构和团粒结构 3 种主要类型，颗粒间的接触和联结方式又包括面-面接触、面-边接触、边-边接触及面-边-角接触等类型。

本章 8.1 节和 8.2 节已阐述了酸雨干湿循环作用下膨胀土中矿物与胶结物质演变机理、膨胀土叠聚体微结构及细观结构演变机理，本节将基于前面两节研究成果，进一步探究膨胀土基本物理力学特性的劣化机理。

8.3.1　膨胀变形演变机理

廖世文[116]曾发现主要由蒙脱石矿物组成的邯郸膨胀土的自由膨胀率（48%～87%）低于以伊利石/蒙脱石混层矿物为主的宁明膨胀土（自由膨胀率为 85%～103%），若从双电层理论角度分析，由蒙脱石组成的宁明膨胀土其胀缩性应该大于前者，这与实际情况不符。所以本研究从膨胀土微结构特征角度进行深入探讨。

从 6.2.1 节室内扫描电镜试验结果可知（图 6.6），百色膨胀土微结构中存在片状叠聚体结构单元，结合前文研究成果及双电层理论，分别绘制不同酸雨环境作用下百色膨胀土微观结构演化示意图，如图 8.6～图 8.9。

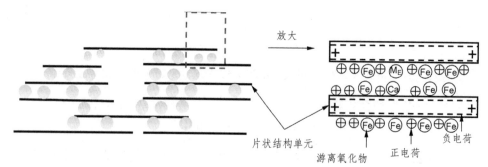

图 8.6　中性水环境不考虑干湿循环作用下百色膨胀土微结构示意图

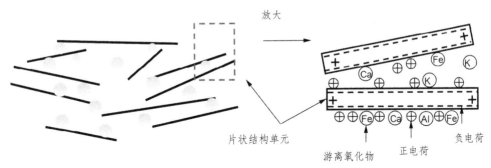

图 8.7　中性水干湿循环作用下百色膨胀土微结构示意图

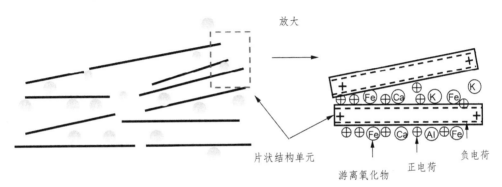

图 8.8　酸雨环境作用下百色膨胀土微结构示意图

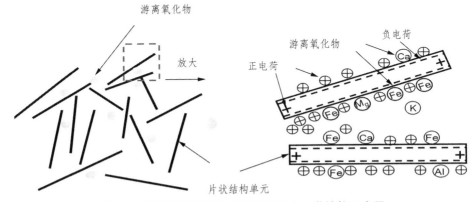

图 8.9　酸雨干湿循环作用下百色膨胀土微结构示意图

干湿循环作用会改变黏性土颗粒的集聚和排列的方式，在不可逆范德瓦耳斯力作用下，黏粒集聚成较大集聚体，颗粒间连接由面-面接触向面-边接触演化，使颗粒定向性变差、微孔隙发育，进而造成土体孔隙率增大[177-179]，本书在 6.2.1 节中性水干湿循环作用的扫描电镜试验研究中得到了相同结论（图 6.6）。该环境下膨胀土微结构演化过程，如图 8.6 和图 8.7 所示。

根据第 7 章循环饱水化学试验研究成果可知，相比 pH 为 7 的中性水环境，酸雨环境作用下膨胀土中游离 SiO_2、Al_2O_3、K_2O、MgO、CaO 及方解石等在叠聚体中起胶结作用的胶结物质加速溶蚀，降低了叠聚体间结构联结强度，导致片状颗粒结构边缘逐步翘起脱落，叠聚体结构排列趋于混乱，形成新的微孔隙。此外，酸雨环境作用下黏土矿物间反应加剧，离子交换作用增加，K^+离子被高价阳离子置换，伊利石因脱钾转变为不稳定蒙脱石，也使得土体不稳定性增加。膨胀土中 SiO_2 和 Al_2O_3 是矿物质组成基本单元，结构稳定，难以被置换或侵蚀，在膨胀土中起结构骨架作用。但随着微孔隙的体积和数目的增加，这类骨架结构物的整体结构强度将出现下降，加之降雨入渗过程中渗流的冲刷作用，这类骨架结构物逐步变松散而发生脱落，土体结构中细观孔隙体积不断增大，这些因素的综合作用导致膨胀土受酸雨侵蚀作用后出现结构性膨胀。图 8.8 为其微结构演化过程。在干湿循环叠加作用下，试样因胀缩变形，内部结构微孔隙发育，这为酸雨入侵提供了便捷通道，酸雨与土颗粒间接触面积更大，水-土化学作用更充分，胶结物质的溶蚀、黏土矿物间反应及离子交换作用更剧烈，土体结构孔隙数目及尺寸显著增大，土体结构稳定性更差，宏观表现为土体膨胀变形增大。微结构演化过程如图 8.9 所示。

8.3.2　表观裂隙演化机理

土体颗粒间作用力主要分为粒间引力和斥力[187]，其粒间引力主要包含静电引力、磁性引力、分子引力、毛细引力、化学胶结力，而粒间斥力主要含静电斥力、双电层相互作用产生的斥力，引力和斥力间相互作用控制着土颗粒的排列方式，进而影响土体结构稳定。

根据第 7 章及本章前述研究成果，将图 8.2 膨胀土叠聚体间胶结模型沿 $A—A'$ 截面切开，绘制叠聚体间受力示意图（图 8.10）。

叠聚体间的引力主要包括：静电引力 P_j、化学胶结力 P_f、土粒自重 P_z；斥力主要包括：双电层斥力 P_d、孔隙水压力 P_k。若土-水-电解质间保持平衡状态，此时的引力应等于斥力，有：

$$P_i + P_f + P_z = P_d + P_k \tag{8.27}$$

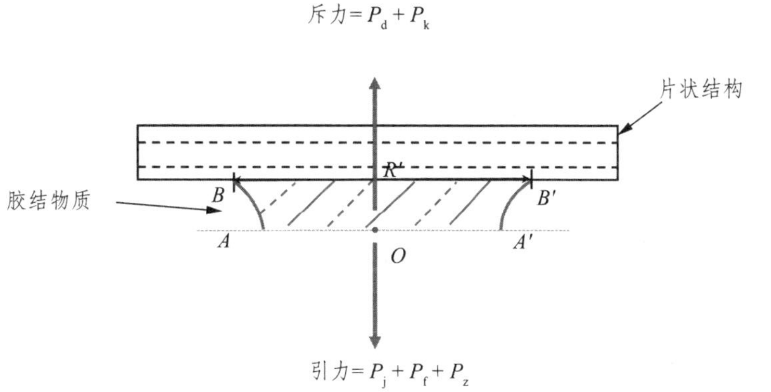

图 8.10　膨胀土叠聚体间受力示意图

　　酸雨干湿循环作用下膨胀土中胶结物质加速流失，离子交换作用增加，土体中金属阳离子不断析出，这将造成化学胶结力 P_f 和土粒自重 P_z 减小；静电引力 P_j 则主要由叠聚体中带负电的黏粒与胶结物中阳离子的相互吸引产生，叠聚体间的胶结物质减少以及相互之间距离的增大也使得静电引力 P_j 变小；三者的共同作用，造成此时叠聚体间的斥力将大于引力，土-水-电解质之间的平衡受力打破。

　　叠聚体微结构因相互间引力的减小将逐步分离（图 8.9），进而形成新的孔隙，随新生孔隙数量和尺寸的不断增大，将在土体内部形成更大孔洞；此外，从酸雨环境作用下线缩率试验中发现酸雨环境能加速试样水分的蒸发，试样在脱湿过程中含水率变化更快，随新生孔隙由表及里不断拓展，极易引起含水率在土体结构内部分布不均。在诸多不利情况下，试样内出现上部受拉、下部受压的应力分布情况，当上部拉应力超过土块抗拉强度时，裂隙便随之产生，最终造成土体表观裂隙加速发育。

8.3.3　抗剪强度劣化机理

　　图 8.11 为面-面接触及边-面接触叠聚体微结构单元受力示意图。分析图 8.11 可知，相比边-面接触叠聚体微结构，面-面接触叠聚体微结构单位结构稳定性更好，承受外界竖向应力及剪切应力的能力更强。

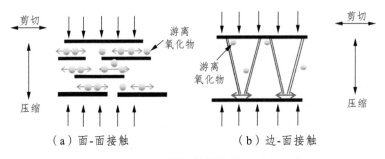

图 8.11　不同**叠聚微结构单元**受力示意图

　　为进一步阐述酸雨干湿作用下膨胀土矿物与胶结物质及叠聚体微结构演变对土体抗剪强度劣化的影响，根据直接剪切试验过程土体受力情况，绘制中性环境、酸雨环境、中性干湿循环及酸雨干湿循环作用下，土体在直剪试验过程中微结构剪切机理示意图，如图 8.12 ~ 图 8.15。

　　与中性水环境相比（图 8.12），干湿循环叠加作用下（图 8.14）膨胀土发生胀缩变形，颗粒的集聚和排列方式改变，定向性变差，微孔隙发育，结构整体性下降，其抵抗剪切的能力减弱。

　　由 8.3.1 节膨胀变形演变机理分析可知，相比中性水环境（图 8.12），酸雨作用下（图 8.13）膨胀土中胶结物质的溶蚀及离子交换作用的增强使叠聚微结构形态由面-面接触演变为边-面接触，微观孔隙数目和体积增加，结构稳定性减弱，抵抗剪切的能力下降。经干湿循环叠加作用（图 8.15），土体结构变得更错乱和松散，水-土化学作用更剧烈，在此种结构状态下进行剪切试验，更易形成剪切破裂面，抗剪强度大幅下降。

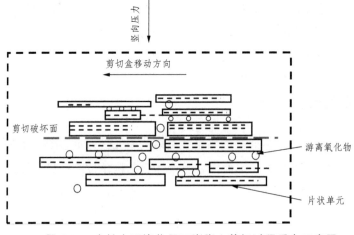

图 8.12　中性水环境作用下膨胀土剪切过程受力示意图

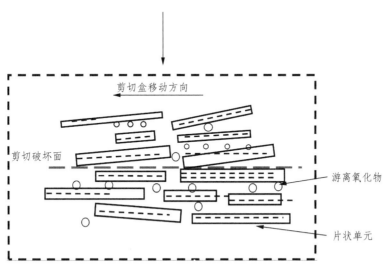

图 8.13 酸雨环境作用下膨胀土剪切过程受力示意图

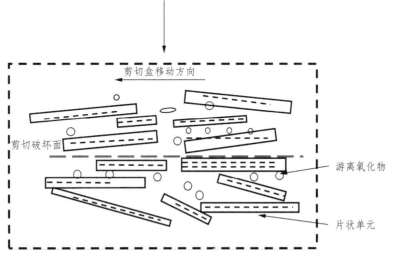

图 8.14 中性水干湿循环作用下膨胀土剪切过程受力示意图

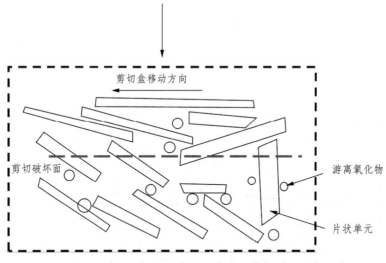

图 8.15　酸雨干湿循环作用下膨胀土剪切过程受力示意图

8.4　本章小结

（1）膨胀土中主要胶结物质为方解石和 SiO_2、Al_2O_3、K_2O、MgO、CaO、Fe_2O_3 等游离氧化物，酸雨入渗促使这些胶结物质出现溶蚀。受干湿循环的叠加作用后，土体结构中微孔隙更发育，酸雨与胶结物质间接触面积更大，水-土反应更充分，使得上述胶结物质在膨胀土叠聚体间所起结构联结作用逐步丧失，导致土颗粒联结强度发生不可逆下降。

（2）酸雨干湿循环作用下膨胀土粒间胶结作用结构模型存在 3 种破坏模式，建立了任意土体横截面上的平均强度表达式，发现酸雨入渗作用诱发胶结物质的溶蚀、土颗粒骨架的脱落及孔隙比的增大等这些因素都将导致土体横截面上平均强度减少，从而加剧土体结构的劣化。

（3）酸雨入渗作用下膨胀土中孔隙的增加与其溶蚀的质量有关，土体胶结物质的溶蚀及骨架结构物的脱落都将导致土体细观孔隙增大，这与压汞及低频核磁共振试验获得的结论一致。

（4）膨胀土基本性能的劣化与土体化学成分、矿物成分、结构形态及所处水化学环境密切相关。酸雨入渗促进了膨胀土中方解石及游离氧化物等胶结物质溶蚀，黏土矿物间相互反应加剧，离子交换作用增强，伊利石因脱钾转变为不稳定蒙脱石，致使膨胀土的亲水性增强，增加了土体不稳定性。此外，在干湿循环叠加作用下，内部结构微孔隙发育，为酸雨入渗提供了便捷通道，使酸雨与土颗粒间接触面积更大，水-土化学作用更剧烈，土颗粒骨架间结构联结强度下降，诱发叠聚体微结构形态由面-面接触转为边-面接触；随微孔隙尺寸和数量的增长，加之渗流的冲刷作用，导致土体骨架结构松散脱落，细观孔隙尺寸不断增大。受这些因素的综合作用，膨胀土膨胀变形增大，裂隙加速发育，抗剪强度下降，最终导致其基本性能劣化。

酸雨入渗干湿循环作用下膨胀土
边坡稳定性分析

降雨是诱发边坡失稳的重要原因之一[188]，经大气干湿循环作用的膨胀土边坡，常在降雨期或雨后发生浅层坍滑破坏，造成的经济损失常数以亿元计，至今仍为膨胀土地区公路、铁路与水利工程建设亟待解决的技术难题。

在大气降雨条件下，膨胀土边坡浅表层土体吸湿后将发生膨胀变形，相应坡体内形成非饱和-饱和渗流场，二者对边坡的稳定性将产生极大影响[189]。已有研究大多只考虑渗流场影响，将边坡稳定问题简化为强度问题来研究；然而，膨胀土作为一种"特殊土"，具有显著吸湿膨胀效应，忽视膨胀变形的边坡稳定性分析结果显然与实际不相符。少有同时计及渗流场及变形场二者耦合作用下膨胀土边坡的稳定性研究[114-115]，这类研究得到膨胀土边坡在大气降雨作用下更容易失稳破坏，于是认定吸湿膨胀作用是造成膨胀土边坡坍滑的重要原因。

由本书第3、4、5章研究成果可知，酸雨对膨胀土的胀缩特性、裂隙性、强度特性及微观结构均造成不利影响，而这种水-土化学作用在边坡失稳中具有怎样的控制作用还不得而知，很有必要开展酸雨入渗干湿循环作用下膨胀土边坡稳定性研究。

为此，本章根据前面室内相关试验获得的试验参数，采用FLAC 7.0有限差分软件，建立考虑酸雨环境、干湿循环、渗透系数变化及地下水位的膨胀土边坡数值分析模型，尝试采用多场耦合的数值计算方法，进行酸雨入渗干湿循环作用下膨胀土边坡多场耦合分析；此外，结合室内基本物理力学特性试验、微观试验和水化学试验结果，深入探究酸雨入渗干湿循环对膨胀土边坡浅层坍滑的潜在影响。

9.1 FLAC 7.0 程序简介

FLAC 7.0（Fast Lagrangian Analysis of Continua）是由美国 Itasca 国际咨询和软件公司于 1986 年开发的二维有限差分程序，具有良好的可开发性，尤其是在大变形问题、非线性问题及非稳定性分析方面具有独特优势。

9.1.1 二相流（Two-Phase-Flow）模块

二相流模块可模拟多孔介质中两不相混合流体流动，二者不发生质量转移，且假定孔隙完全由两种流体填满，基于达西定律进行气相压力 P_g 和液相压力 P_w 间相互作用的描述便于研究非饱和土体的渗流问题。

9.1.1.1 基本控制方程

（1）传导定律。

假定孔隙被液、气两相流体完全填充，可得：

$$S_w + S_g = 1 \tag{9.1}$$

式中：S 为饱和度（w 表液相，g 表气相，下同）。

液、气相传导定律用达西定律描述如下：

$$q_i^w = -k_{ij}^w k_r^w \frac{\partial}{\partial x_j}(P^w - \rho^w g x_k) \tag{9.2}$$

$$q_i^g = -k_{ij}^w \frac{\mu^w}{\mu^g} k_r^w \frac{\partial}{\partial x_j}(P^g - \rho^g g x_k) \tag{9.3}$$

式中：k_{ij}^w 为饱和渗透系数，以张量形式表示，在 FLAC 中渗透系数为固有渗透系数与动黏滞度的比值，即 $k_{ij}^w = k_h(\text{m/s}) \times 1.02 \times 10^{-4}$；$k_h$ 为水平渗透系数，k_r 为相对渗透系数，是饱和度 S_w 的函数；μ 为动黏滞度；P 为孔隙压力；ρ 为密度；g 为重力加速度。

相对渗透系数 k_r 在 VG 经验公式中，与有效饱和度 S_e 的关系可表示为：

$$k_r^w = S_e^b[1 - (1 - S_e^{1/a})^a]^2 \tag{9.4}$$

$$k_r^g = (1 - S_e)^c[1 - S_e^{1/a}]^{2a} \tag{9.5}$$

其中，有效饱和度定义如下：

$$S_e = \frac{S_w - S_r^w}{1 - S_r^w} \tag{9.6}$$

式中：S_r^w 为残余饱和度。

毛细压力 P_c 定义为气压 P_g 与液压 P_w 的差值，即

$$P_c = P_g - P_w \tag{9.7}$$

用 VG 模型可表示为：

$$P_c = P_0 [S_e^{-1/a} - 1]^{1-a} \tag{9.8}$$

$$P_0 = \frac{\rho_w g}{\eta} \tag{9.9}$$

式中：η、a、b、c 为经验系数，由土水特征曲线确定，在 VG 经验公式中可取 $b = 0.5$，$c = 0.5$。

（2）平衡方程。

$$\frac{\partial \xi_w}{\partial t} = -\frac{\partial q_i^w}{\partial x_i} + q_v^w \tag{9.10}$$

$$\frac{\partial \xi_g}{\partial t} = -\frac{\partial q_i^g}{\partial x_i} + q_v^g \tag{9.11}$$

式中：ξ 为单位体积中流体含量的变化量；q_v 为流体体积源强度。

（3）本构方程。

$$S_w \frac{\partial P_w}{\partial t} = \frac{K_w}{n} \left[\frac{\partial \xi_w}{\partial t} - n \frac{S_w}{\partial t} - S_w \frac{\partial \varepsilon}{\partial t} \right] \tag{9.12}$$

$$S_g \frac{\partial P_g}{\partial t} = \frac{K_g}{n} \left[\frac{\partial \xi_g}{\partial t} - n \frac{S_g}{\partial t} - S_g \frac{\partial \varepsilon}{\partial t} \right] \tag{9.13}$$

式中：K 为体积模量；ε 为体积应变。

将式（9.10）、式（9.11）分别代入式（9.12）、式（9.13），整理得：

$$n\left[\frac{S_{\mathrm{w}}}{K_{\mathrm{w}}}\cdot\frac{\partial P_{\mathrm{w}}}{\partial t}+S_{\mathrm{w}}\frac{\partial t}{\partial t}\right]=-\left[\frac{\partial q_i^{\mathrm{w}}}{\partial x_i}+S_{\mathrm{w}}\frac{\partial \varepsilon}{\partial t}\right] \tag{9.14}$$

$$n\left[\frac{S_{\mathrm{g}}}{K_{\mathrm{g}}}\cdot\frac{\partial P_{\mathrm{g}}}{\partial t}+S_{\mathrm{g}}\frac{\partial t}{\partial t}\right]=-\left[\frac{\partial q_i^{\mathrm{g}}}{\partial x_i}+S_{\mathrm{g}}\frac{\partial \varepsilon}{\partial t}\right] \tag{9.15}$$

若只开展渗流计算时，$\dfrac{\partial \varepsilon}{\partial t}$ 项可忽略。式（9.1）、式（9.8）、式（9.14）及式（9.15）组成含 4 个未知量 P_{w}、P_{g}、S_{w}、S_{g} 的非线性方程组。

9.1.1.2　流-固耦合方程

（1）动量平衡方程。

$$\frac{\partial \sigma_{ij}}{\partial x_j}+\rho g_i=\rho\frac{\mathrm{d}\dot{u}_i}{\mathrm{d}t} \tag{9.16}$$

式中：$\dot{u}_i$ 为流速；ρ 为体积密度。

对于二相流计算，定义 ρ 为：

$$\rho=\rho_{\mathrm{d}}+n(S_{\mathrm{w}}\rho_{\mathrm{w}}+S_{\mathrm{g}}\rho_{\mathrm{g}}) \tag{9.17}$$

式中：ρ_{w}、ρ_{g} 为流体密度；ρ_{d} 为干密度。

（2）力学本构关系。

$$\Delta\sigma_{ij}'=H(\sigma_{ij},\Delta\varepsilon_{ij},\kappa) \tag{9.18}$$

式中：$\Delta\sigma_{ij}'$ 为有效应力增量；H 为本构关系的泛函形式；κ 为过程参数。在二相流计算中，有效应力增量定义为：

$$\Delta\sigma_{ij}'=\Delta\sigma_{ij}+\overline{\Delta P}\delta_{ij} \tag{9.19}$$

其中：

$$\overline{\Delta P}=S_{\mathrm{w}}\Delta P_{\mathrm{w}}+S_{\mathrm{g}}\Delta P_{\mathrm{g}} \tag{9.20}$$

9.1.1.3　边界条件和初始条件

在二相流计算中，液相的初始饱和度和孔隙压力必须作为初始条件而给定。气相压力的初始值可以根据毛细定律计算，也可以指定为一特定值。默认在未指定情况下，边界均为不透水边界。

9.1.2　热力学（Thermal）模块

FLAC 中的热力学模块可模拟材料内瞬态热传导及因温度变化而产生的应力和位移，任一种热力学模型都可以与任意力学模型同时使用，但热-固耦合计算为单向模型，即认为温度变化会导致位移和应力的改变。本章的热固耦合计算采用各向同性热传导模型与莫尔-库仑力学模型耦合。

9.1.2.1　热传导模型

热传导模型中的变量包含温度和热通量的两分量，二者运用能量平衡方程和热传导傅里叶定律建立相互关系。

（1）能量平衡方程。

其微分表达式为：

$$-\nabla \cdot q^T + q_v^T = \frac{\partial \varsigma_T}{\partial t} \tag{9.21}$$

式中：q^T 为热流矢量；q_v^T 为体热源强度；$\partial \varsigma_T$ 为单位体积内所储存的热能。

通常体积应变以及能量存储的变化均会造成温度变化，其热力学本构关系可表示为：

$$\frac{\partial T}{\partial t} = M_T \left(\frac{\partial \varsigma_T}{\partial t} - \beta_v \frac{\partial \varepsilon}{\partial t} \right) \tag{9.22}$$

式中：M_T、β_v 为材料参数；T 为温度。

FLAC 中假定 $M_T = \dfrac{1}{\rho C_v}$，$\beta_v = 0$，不考虑应变变化对温度的影响，则式（9.22）可表示为：

$$\frac{\partial \varsigma_T}{\partial t} = \rho C_v \frac{\partial T}{\partial t} \tag{9.23}$$

式中：ρ 为密度；C_v 为恒容热容。

将式（9.23）代入式（9.21）得到：

$$-\nabla \cdot q^T + q_v^T = \rho C_v \frac{\partial T}{\partial t} \qquad (9.24)$$

（2）热传导定律。

对于静止、均质各向同性固体，傅里叶定律可表达为：

$$q^T = -k_{ij}^T \nabla T \qquad (9.25)$$

式中：k_{ij}^T 为热传导系数。

9.1.2.2　边界条件和初始条件

温度边界条件通常以温度或者垂直于边界的热流矢量的分量形式来表示。FLAC 中在没有指定的情况下，默认边界为绝热边界。初始状态一般是对应于一个给定的温度场。

9.1.2.3　热-固耦合方程

FLAC 中解决热-固耦合问题须重新形成增量应力-应变关系，即应从总应变增量中去掉因温度变化产生的应变。热应变增量与温度改变量的关系可表示为：

$$\frac{\partial \varepsilon_{ij}^T}{\partial t} = \alpha_t \frac{\partial T}{\partial t} \delta_{ij} \qquad (9.26)$$

式中：α_t 为线膨胀系数；δ_{ij} 为克罗内克常数。

弹性材料的本构关系可修改为：

$$\frac{\partial \sigma_{ij}}{\partial t} + \alpha \frac{\partial P}{\partial t} \delta_{ij} = 2G\left(\frac{\partial \varepsilon_{ij}}{\partial t} - \alpha_t \frac{\partial T}{\partial t} \delta_{ij}\right) + \left(K - \frac{2}{3}G\right) \cdot \left(\frac{\partial \varepsilon_{kk}}{\partial t} - 3\alpha_t \frac{\partial T}{\partial t}\right) \delta_{ij} \quad (9.27)$$

式中：σ_{ij} 为总应力；ε_{ij} 为总应变；α 为比奥系数；K 为体积模量，G 为剪切模量。

9.1.3　FISH 语言

FISH 是软件 FLAC 内置的编程语言，掌握其语法即可对 FLAC 进行二次开发，这扩展了 FLAC 的应用及用户自定义特色范围。本书通过编制 FISH 程序，实现二相流、热-固耦合模块间三场信息的互相调用。

9.1.4 判别边坡稳定与否的安全系数

学者们常通过求解边坡安全系数并搜索最小安全系数所对应的临界滑动面来进行边坡稳定性分析[114]。因强度折减法能通过程序根据弹塑性屈服准则自动计算破坏面,弥补了人为确定破坏面的不足,既对复杂边界条件具有良好适应性,又能有效表征边坡的应力状态与滑动趋势,所以本次数值计算中采用强度折减法求解边坡安全系数。

根据弹塑性屈服准则,强度折减法将边坡土体的抗剪强度参数(c、φ)不断折减至极限平衡状态,初始状态时的黏聚力 c 和内摩擦角 φ 与折减至极限平衡状态时对应的黏聚力 c' 和内摩擦角 φ' 之间的比值定为边坡安全系数 F_s,计算公式如下:

$$c' = c/F_s \tag{9.28}$$

$$\varphi' = \arctan[(\tan \varphi)/F_s] \tag{9.29}$$

边坡稳定性分析过程中进行强度折减计算时,首先假定一个边坡安全系数 F_s(首次计算常采用 $F_s = 1$);根据公式(9.28)和式(9.29),采用 FLAC 7.0 程序迭代求解潜在滑动面上的所有单元的抗滑动力和滑动力:

$$F_\gamma = \frac{1}{t} \sum_{i=1}^{N_g} \sum_{g=1}^{N_g} (-\tan \varphi_i \sigma_{ig}) \times V_{ig} \tag{9.30}$$

$$F_t = \frac{1}{t} \sum_{i=1}^{N_g} \sum_{g=1}^{N_g} |\tau_{ig}| \times V_{ig} \tag{9.31}$$

式中:N 为单元总数;N_g 为每个单元重高斯积分点数;σ_{ig} 为第 i 单元第 g 高斯点的正应力;τ_{ig} 为第 i 单元第 g 高斯点的剪应力;V_{ig} 为第 i 单元第 g 高斯点的控制体积;t 为滑动面上单元的计算厚度;φ_i 为第 i 单元的折减摩擦角;c_i 为第 i 单元的折减黏聚力。

每个单元高斯积分点数:当 $\sigma_{ig} \geqslant 0$ 时,该项值为 0。

由式(9.32)计算得到新的抗滑稳定系数 F_s':

$$F_s' = F_s \sum_{i=1}^{N_g} F_\gamma / \sum_{g=1}^{N_g} F_t \tag{9.32}$$

由式(9.33)判断计算收敛性:

$$\frac{F_s' - F_s}{F_s'} \leqslant 给定误差 \tag{9.33}$$

当计算得到 F_s' 达到式（9.33）条件时，F_s' 即为边坡安全系数，否则继续迭代计算，直至满足式（9.33）条件为止。

9.2 酸雨入渗干湿循环作用下多场耦合数值分析方法

本章利用材料"热胀冷缩"特性来等效模拟膨胀土吸水膨胀的变形；选用 FLAC 软件中热力学模块，将模块中的温度场等效表征为湿度场。以下将从热力学模块边界条件的设置、数值模型建立及多场耦合数值计算方法三方面来进行说明。

9.2.1 热-固耦合数值反演计算方法

基于湿度应力场理论，依据本书第 3 章室内有无荷膨胀率试验结果，参考丁金华等[114] 有关热固耦合的预分析思路，采用热力学模块数值反演得到饱和度与温度、饱和度与热膨胀系数的转换关系，实时将二相流模拟的饱和度换算为热力学模块所需的温度场及热膨胀系数，确定合理温度边界条件。数值反演分析流程如图 9.1 所示。

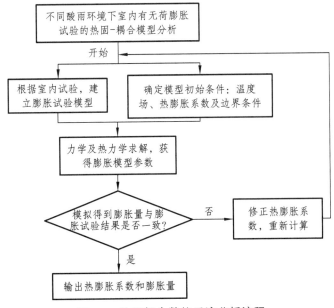

图 9.1 热固耦合数值反演分析流程

9.2.1.1　模型参数选取及边界条件设置

模拟室内有无荷膨胀率试验所选用试样尺寸，建立直径为 63.5 mm、高度为 20 mm 的热固耦合数值反演分析模型（图 9.2）；选取各向同性热传导模型，设热传导系数为 0.1 W/（m·K），比热为 500 J/（kg·℃）。假定含水率为 13%（饱和度为 62%）时对应初始温度为 0℃，饱和度为 100% 时对应温度为 100℃。根据室内膨胀率试验条件，将底部边界温度设置为 100℃。根据室内膨胀率试验中有无竖向荷载条件，将模型表面边界分别设置为自由或定荷载边界。

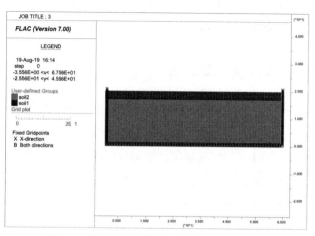

图 9.2　热-固耦合数值反演数值分析模型

9.2.1.2　饱和度与温度、膨胀系数关系建立

边坡多场耦合计算中采用节点饱和度代替含水率反映边坡不同部位湿度场。肖杰等[135] 研究低应力条件下不同密度的南宁膨胀土抗剪强度试验时指出：膨胀土边坡发生浅层坍滑时其滑裂面受到上部土体的自重（竖向）作用力通常小于 50 kPa。为此，采用 3 种 pH 溶液作用（pH = 3、5、7）且上覆荷载分别为 0 kPa、12.5 kPa、25 kPa 和 50 kPa 时的有无荷膨胀率试验结果，进行热固耦合数值反演分析（图 7.2），得到饱和度 S_r 与温度 T 及热膨胀系数 λ 的数学关系，即

$$T = 263.2S_r - 163.2 \tag{9.34}$$

$$\lambda = (11.26S_r - 2.77) \times 10^{-5} \tag{9.35}$$

式（9.34）、式（9.35）为酸雨 pH 为 3 时，饱和度 S_r 与温度 T 及热膨胀系数 λ 的转换关系。

$$T = 263.2S_r - 163.2 \tag{9.36}$$

$$\lambda = (8.27S_r - 3.50) \times 10^{-5} \tag{9.37}$$

式（9.36）、式（9.37）为酸雨 pH 为 5 时，饱和度 S_r 与温度 T 及热膨胀系数 λ 的转换关系。

$$T = 263.2S_r - 163.2 \tag{9.38}$$

$$\lambda = (7.31S_r - 3.65) \times 10^{-5} \tag{9.39}$$

式（9.38）、式（9.39）为酸雨 pH 为 7 时，饱和度 S_r 与温度 T 及热膨胀系数 λ 的转换关系。

9.2.2　热-固耦合数值模型的建立

图 9.3 为热-固耦合数值计算模型尺寸大小与网格划分剖面图，其中坡比为 1∶1.5，坡高 6 m，坡脚至左边界距离为 6 m，右边界至坡顶距离为 6 m。因膨胀土边坡坍滑具有浅层性，滑面深度通常小于 3 m，该深度范围内土体抗剪强度衰减更为显著。基于此，为着重分析酸雨入渗作用下膨胀土边坡浅层土体稳定性，本章将边坡划分为 2 层，第一层为厚度为 3 m 的浅层，余下土体为第二层。将第一层网格加密划分，0~1 m 深度范围竖向 1 m 布置 4 个网格，1~3 m 深度范围竖向 1 m 布置 3 个网格，共计 220 个单元；第二层网格除地下水位以下竖向 1 m 布置 3 个网格外，坡顶 3 m 以下竖向 8 m 划分 6 个网格，整个边坡共计 412 个单元，具体如图 9.3 所示。

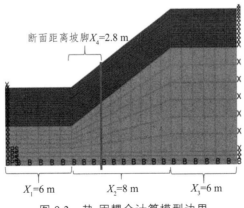

断面距离坡脚X_4=2.8 m

X_1=6 m　　　X_2=8 m　　　X_3=6 m

图 9.3　热-固耦合计算模型边界

9.2.2.1　材料参数

选用莫尔-库仑塑性模型，其主要参数有密度（ρ）、体积模量（K）、剪切模量（G）、黏聚力（c）、摩擦角（φ）及剪胀角（ψ）。

（1）土层密度。

经试验得到广西百色膨胀土天然状态下湿密度为 2.09 g/cm³，饱和状态下的湿密度为 2.24 g/cm³。考虑膨胀土边坡浅层土体实际风化情况，边坡浅层土体选用天然状态下湿密度，边坡深层土体选用饱和密度。

（2）土层强度参数。

选取本书 4.2.1 节中酸雨环境作用下饱和三轴试验结果作为土体强度指标。其中，低应力条件下强度参数作为第一层土体强度指标，第二层强度指标选用高应力段强度参数，具体见表 9.1。

表 9.1　不同酸雨环境作用下百色膨胀土的参数取值

pH	土层划分	强度参数	
		c/kPa	φ/(°)
3	第一层	10.5	30.3
	第二层	33.9	16.5
5	第一层	12.0	30.8
	第二层	35.4	17.5
7	第一层	12.9	31.1
	第二层	36.0	18.3

（3）体积模量（K）、剪切模量（G）与剪胀角（ψ）。

本次研究将第一层土体体积模量与剪切模量分别取值为 8.710 MPa 和 2.394 MPa，第二层土体的体积模量和剪切模量取值为 3.833 MPa 与 0.856 MPa[190]。根据 Vermeer 的研究[191]将剪胀角（ψ）设为 0。

（4）热模块参数。

热模块参数与 9.3.1.1 节中相同；求解初始地应力平衡时，取初始状态温度场为 0℃，热膨胀系数为 0℃⁻¹；温度场与湿度场的转换关系，分别参照 3 种酸雨环境下的转换公式（9.28）～（9.33）进行。

9.2.2.2　边界条件

位移边界：模型左右两侧边界约束 x 方向位移，底面边界约束 x、y 两方向位移，热-固耦合分析模型的边界条件设置情况如图 9.3 所示，其中 B 表示同时约束 x、y 方向的位移。

9.2.3　非饱和二相流渗流数值模型的建立

本章主要采用非饱和二相流模块模拟天然状态下稳定渗流场及不同 pH 降雨入渗下边坡非饱和-饱和渗流过程。

非饱和二相流数值计算模型采用与热-固耦合分析模型相同的尺寸大小、网格划分和土层划分。在模型底部 1 m 深度范围内设置地下水，将地下水位设为水平；天然状态下的稳定渗流场分布情况如图 9.4 所示。

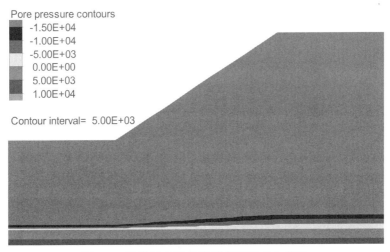

图 9.4　天然状态下的稳定渗流场分布情况

9.2.3.1　材料参数

（1）力学参数的选取。

取值同热-固耦合模型。

（2）渗流参数的选取。

根据室内试验情况，将初始饱和度 S_0 设为 0.62，残余饱和度 S_r^w 设为 0.4。VG 模型参数选用文献[192]所列参数（其中，$0.1 \leqslant a \leqslant 1$，$b \geqslant 0$，$c \geqslant 0$），依据式（9.6）~式（9.9），结合 VG 经验公式所给参数 η，求解孔隙水压 P_w。膨胀土边坡的非饱和-饱和渗流参数的取值见表 9.2。

表 9.2　膨胀土边坡的非饱和-饱和渗流参数取值

孔隙率 n	初始饱和度 S_0	残余饱和度 S_r^w	VG 模型参数			
	/%	/%	η	a	b	c
0.3	0.62	0.4	1.43	0.336	0.5	0.5

（3）渗透系数。

根据室内变水头渗透系数试验，得到百色原状膨胀土渗透系数为 3.19×10^{-8} m/s，将该渗透系数作为模型中 2 m 深度以下土层渗透系数值。在大气干湿循环作用下，膨胀土边坡浅表层土体常分布裂隙，考虑裂隙影响情况，选取经 1 次和 4 次酸雨干湿循环作用试样，进行室内变水头渗透系数试验。得到 4 次酸雨干湿循环作用下，pH 分别为 3、5、7 酸雨作用试样渗透系数 k 分别为 1.12×10^{-6} m/s、5.15×10^{-7} m/s、3.97×10^{-7} m/s，将该渗透系数值作为模型中表层 $0 \sim 1$ m 范围内试样渗透系数；得到 1 次酸雨干湿循环作用下，pH 分别为 3、5、7 酸雨作用下试样渗透系数 k 分别为 8.72×10^{-7} m/s、2.01×10^{-7} m/s、1.39×10^{-7} m/s，将该渗透系数值作为模型中表层 $1 \sim 3$ m 深度范围内试样渗透系数。

9.2.3.2　边界条件

位移边界：同热-固耦合分析模型。

液相渗流边界：模型底面边界设为不透水边界；水位线以下设为压力边界，且饱和度设为 1；边坡表面未考虑裂隙影响情况设置为定水头边界，其他分析情况均取流量边界。

气相渗流边界：模型底面及左右两侧边界设为不透气边界，边坡表面气压设为 0。边界设置详见图 9.3。本章模拟降中雨条件（30 mm/d），$k = 3.477 \times 10^{-7}$ m/s，开展膨胀土边坡稳定性分析。

9.2.4　多场耦合数值分析方法

本节基于丁金华等[114]、童超[115]的多场耦合数值计算思路，开展考虑酸雨环境、干湿循环、吸湿膨胀、渗透系数变化及地下水影响的膨胀土边坡多场耦合分析。多场耦合的具体流程如图 9.5 所示。

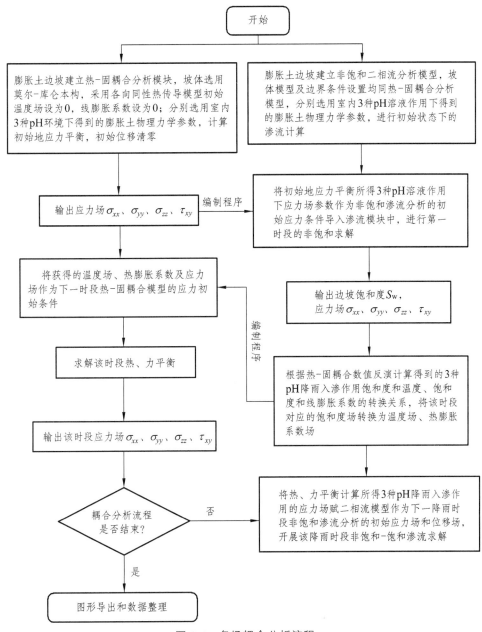

图 9.5 多场耦合分析流程

9.3   酸雨入渗干湿循环对膨胀土边坡稳定性的影响

9.3.1   酸雨入渗对边坡渗流场的影响

9.3.1.1   孔隙水压分布规律

为研究酸雨入渗对膨胀土边坡渗流场的影响，根据图 9.5 中多场耦合的数值模拟方法，进行中雨（30 mm/d）降雨强度下膨胀土边坡渗流场的分析，降雨历时为 9 d，每 1 d 记录一次。

图 9.6 ~ 图 9.10 分别为 3 种 pH（pH 为 3、5、7）降雨入渗影响的膨胀土边坡孔隙水压随降雨历时的变化及分布规律，本次研究取降雨历时分别为 1 d、3 d、5 d、6 d、7 d 的数值模拟结果进行对比分析。

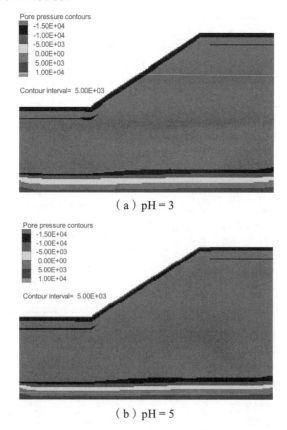

（a）pH = 3

（b）pH = 5

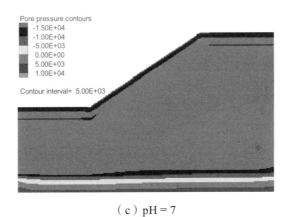

（c）pH = 7

图 9.6 不同 pH 降雨 1 d 孔隙水压分布变化

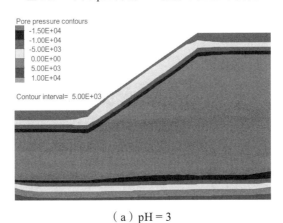

（a）pH = 3

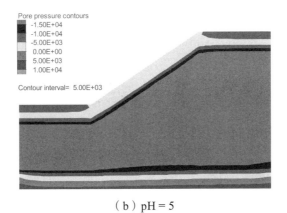

（b）pH = 5

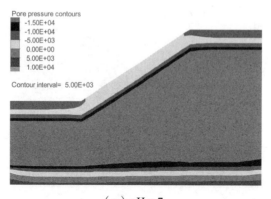

（c）pH = 7

图 9.7 不同 pH 降雨 3 d 孔隙水压分布变化

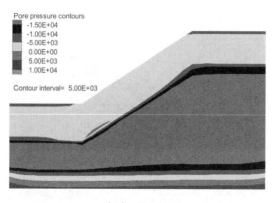

（a）pH = 3

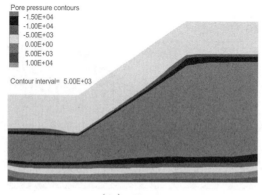

（b）pH = 5

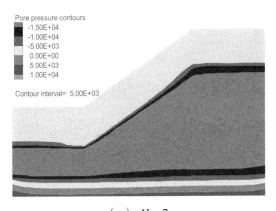

（c）pH = 7

图 9.8　不同 pH 降雨 5 d 孔隙水压分布变化

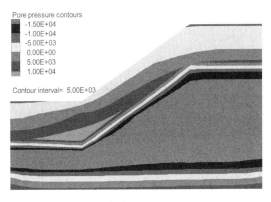

（a）pH = 3

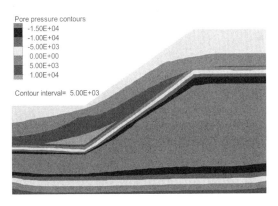

（b）pH = 5

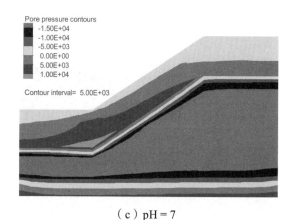

（c）pH = 7

图 9.9　不同 pH 降雨 6 d 孔隙水压分布变化

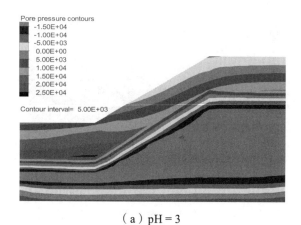

（a）pH = 3

（b）pH = 5

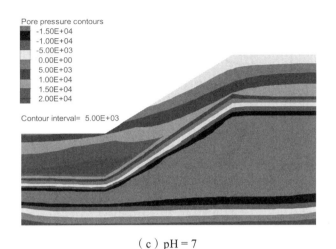

（c）pH = 7

图 9.10　不同 pH 降雨 7 d 孔隙水压分布变化

分析图 9.6 ~ 图 9.10 可知：

随降雨历时的增加，3 种 pH（pH 为 3、5、7）降雨入渗作用下膨胀土边坡浅表层土体由非饱和状态逐步转变为饱和状态，坡体最初从坡脚开始出现正的孔隙水压力，坡脚局部先达到饱和，随降雨历时继续增加，饱和区从坡脚继续往坡中及坡顶扩展；相比坡顶及坡中位置，坡脚处含水率更高，这可能是由于坡体中间位置及边界位置雨水在坡脚处汇集。

对比分析 3 种 pH 降雨入渗作用下膨胀土边坡孔隙水压随降雨历时的分布规律，发现随降雨历时的增加，相比 pH 为 7 的降雨环境，pH 为 3 和 5 降雨环境下坡体形成暂态饱和区的时间更早，且饱和区扩展趋势更快。当降雨历时为 5 d 时，pH 为 3 降雨环境下边坡在坡脚部位附近率先出现饱和区。降雨历时为 6 d 时，不同 pH 环境降雨入渗作用下膨胀土边坡坡脚附近均出现饱和区，且随酸雨 pH 减小，饱和区面积增大；pH 为 3 的酸雨环境作用下膨胀土边坡在第 8 d 发生失稳，而其他两种酸雨环境下边坡失稳时间出现在第 9 d，这说明酸雨入渗会加速边坡饱和区的形成和扩展，对边坡稳定性不利。

9.3.1.2　断面处孔隙水压力分布状况

为定量分析酸雨入渗及降雨历时对膨胀土边坡稳定性的影响，取距原点 $x = 7.8$ m（坡脚）断面处的孔隙水压力并研究其分布状况，如图 9.11 所示。

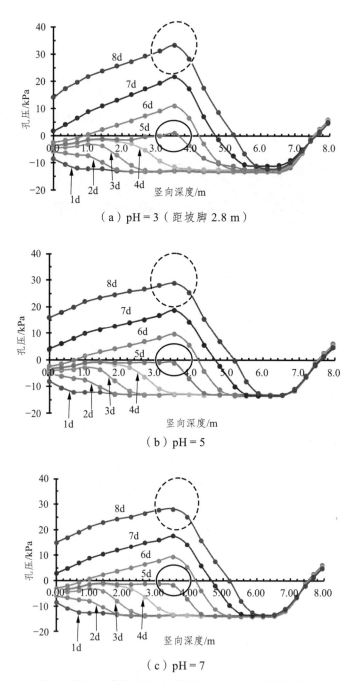

（a）pH = 3（距坡脚 2.8 m）

（b）pH = 5

（c）pH = 7

图 9.11　3 种 pH 降雨入渗作用下边坡距原点 7.8 m 处断面孔隙水压力分布

分析图 9.11 可知：

在相同降雨历时作用下，随酸雨 pH 减小，距坡脚 2.8 m 处断面上正的孔隙水压数值增大。随降雨历时增加，3 种 pH 降雨环境下该断面上孔隙水压力逐步由负值转为正值；当降雨历时增至 5 d 时，在 pH 为 3 的酸雨环境作用下坡体坡脚处率先出现正的孔压值（1.02 kPa）（图 9.11 中粗实线线圈记部分），而此时，在坡体相同位置 pH 为 5 和 7 两种降雨环境下土体坡角处孔压仍为负值，其中 pH 为 5 的孔压为 – 1.15 kPa，pH 为 7 的孔压为 – 1.49 kPa。当降雨历时为 8 d 时，pH 为 3、5、7 降雨环境下边坡坡脚处最大孔隙水压分别 33.1 kPa、28.7 kPa、27.3 kPa（图 9.11 中粗虚线线圈记部分），与 pH 为 7 的降雨环境相比，pH 为 5 和 3 的最大孔隙水压分别增加 5.8% 和 21.2%。这说明酸雨入渗会加速坡体饱和区的形成，促使孔隙水压力增大，坡体孔隙水压越大，边坡越容易出现失稳。

9.3.2 酸雨入渗对边坡应力场的影响

9.3.2.1 边坡土体位移矢量分析

酸雨入渗作用下边坡土体位移矢量随降雨历时变化的水平位移云图，分别如图 9.12 ~ 图 9.15 所示。

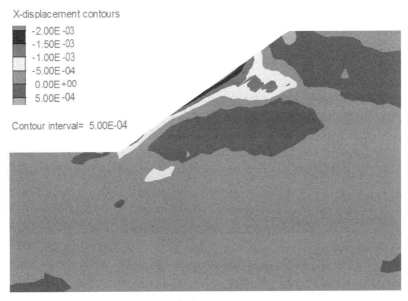

（a）pH = 3

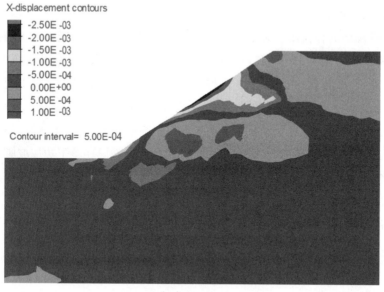

（b）pH = 5

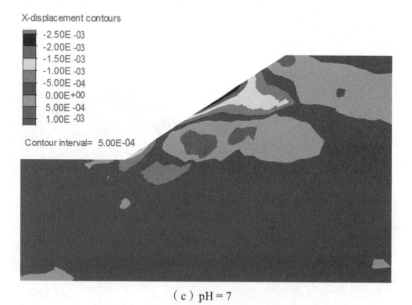

（c）pH = 7

图 9.12　不同 pH 降雨 1 d 后边坡水平位移变化

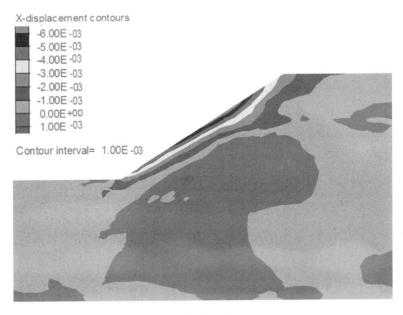

（a）pH = 3

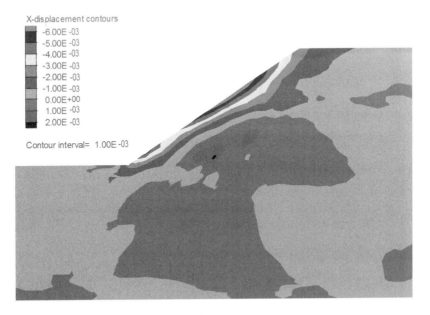

（b）pH = 5

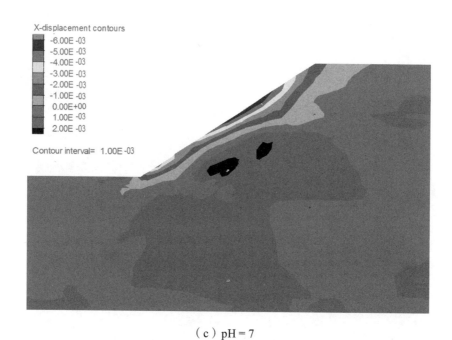

（c）pH = 7

图 9.13　不同 pH 降雨 3 d 后边坡水平位移变化

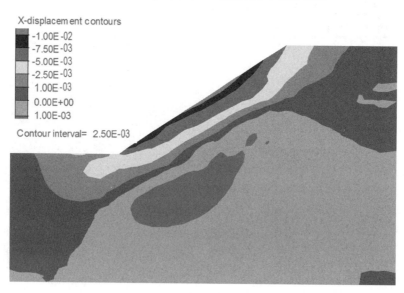

（a）pH = 3

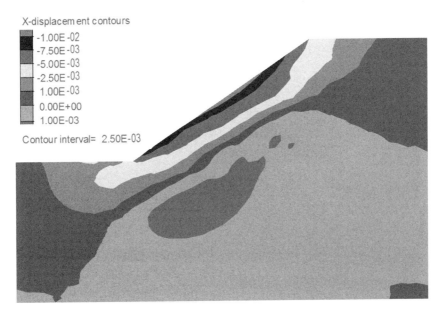

（b）pH = 5

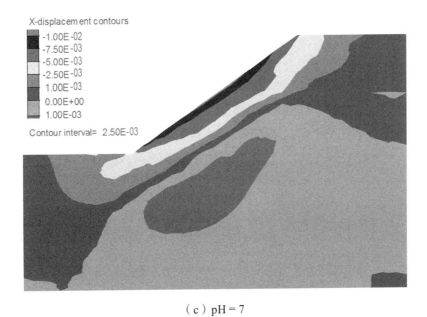

（c）pH = 7

图 9.14　不同 pH 降雨 5 d 后边坡水平位移变化

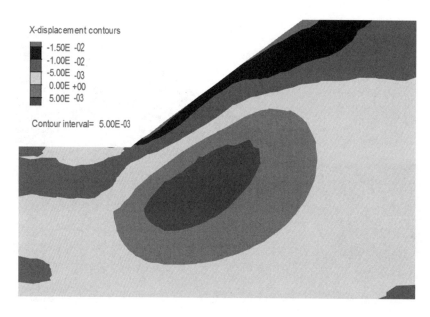

（a）pH = 3

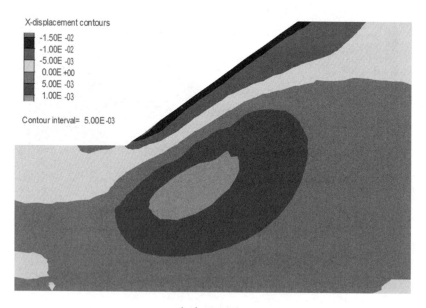

（b）pH = 5

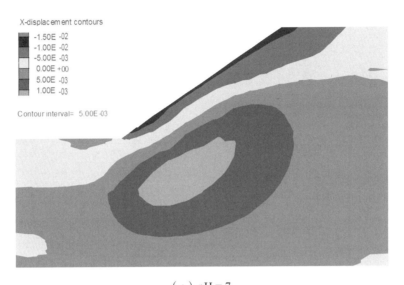

（c）pH=7

图 9.15 不同 pH 降雨 8 d 后边坡水平位移变化

分析图 9.12～图 9.15 可知：3 种 pH 降雨入渗作用下边坡水平位移首先集中出现于坡顶位置，随降雨历时增加，水平位移由坡顶逐步向坡脚发展，其影响范围主要集中在边坡浅表层 3 m 范围内；在相同降雨历时作用下，随酸雨 pH 减小，坡体水平位移出现增加，影响范围增大；降雨历时为 8 d 时，pH 为 3 降雨环境下坡体率先发生失稳。此外，发现不同降雨环境作用膨胀土边坡坡角处距离坡体表面 3 m 深度附近（图 9.15 中椭圆区域）土体出现右移现象，且酸雨 pH 减小，右移范围增加。究其原因可能是边坡左侧为固定边界，随降雨历时的增加，坡脚处土体出现下滑直至坍塌过程中，滑移土体逐步在坡脚处聚集而无法继续往左移动，当坡脚位置土体积聚到一定体量时，可能会对右侧坡体产生挤压现象。

膨胀土具有典型吸湿膨胀特性，这也是诱发膨胀土边坡发生位移变形的重要因素。由上述 3 种 pH 降雨入渗作用下膨胀土边坡位移场分析结果可知，在相同降雨历时作用下，降雨 pH 越小，坡体水平位移越大，且土体变形影响范围也越大；结合本书第 4 章 3 种 pH 环境下膨胀土胀缩变形试验已得到酸雨将加剧膨胀土膨胀变形的结论，可知酸雨入渗作用将导致膨胀土边坡膨胀变形加剧，水平位移增大。

为定量研究酸雨入渗作用对边坡稳定性的影响，绘距坡脚 2.8 m 断面处不同酸雨环境条件下膨胀土边坡水平位移随降雨历时的变化曲线，如图 9.16 所示。

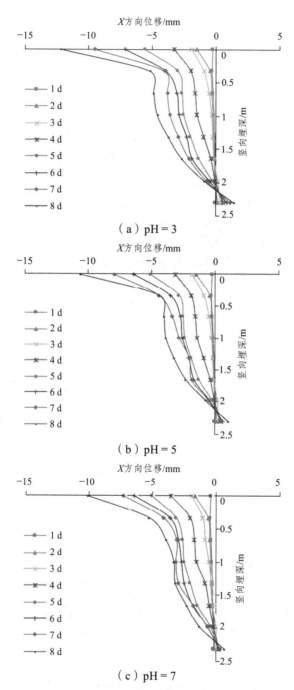

（a）pH = 3

（b）pH = 5

（c）pH = 7

图 9.16　不同 pH 降雨入渗作用下边坡距坡脚 2.8 m 处断面的水平位移

分析图 9.16 可知：随降雨历时增加，3 种 pH 降雨入渗作用下膨胀土边坡在坡脚处水平位移整体变化趋势相近；在前 3 d 降雨过程中，该断面处水平位移变化均较小，当降雨历时达到第 4 d 后，随降雨历时继续增加，坡脚断面处水平位移逐渐增大，且水平位移最大值均出现在坡体浅表层，随土层深度增加，坡体水平位移逐渐减小，这与膨胀土边坡浅层坍滑的现象一致。对比分析 3 种 pH 降雨下坡体水平位移随降雨历时变化趋势，发现随降雨 pH 减小，相同降雨历时作用下坡体水平位移逐渐增大，且这种差异在降雨历时达 5 d 后逐步变明显；当降雨历时达到第 8 d 时，pH 分别为 3、5、7 降雨环境下边坡坡脚处最大水平位移分别为 12.1 mm、10.7 mm、10.1 mm，与 pH 为 7 降雨环境相比，pH 为 5 和 3 降雨环境作用下边坡最大水平位移分别增大 5.9% 和 19.8%，这表明酸雨入渗会加剧坡体出现水平滑动。

9.3.2.2 边坡土体剪应力分析

为研究酸雨入渗对膨胀土边坡应力场的影响，对比分析 3 种 pH 降雨入渗作用下边坡应力云图随降雨历时的变化情况。此处，列举降雨历时为 1 d、3 d、5 d、7 d，3 种 pH 降雨环境作用下膨胀土边坡剪应力云图，如图 9.17 ~ 图 9.20 所示。

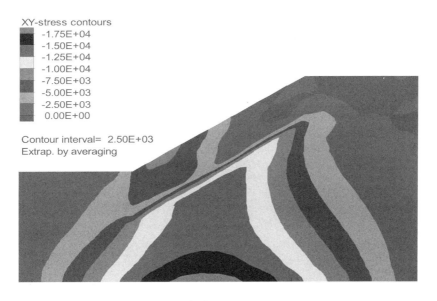

（a）pH = 3

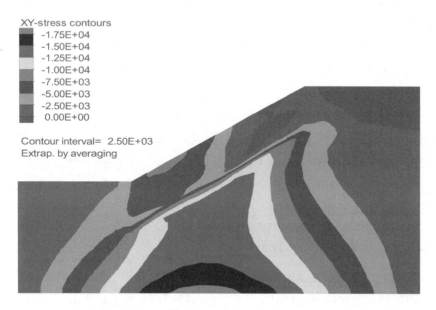

（b）pH = 5

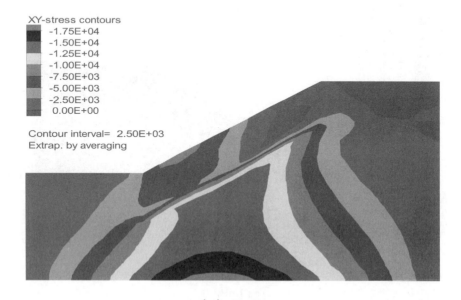

（c）pH = 7

图 9.17 不同 pH 降雨 1 d 后边坡剪应力分布

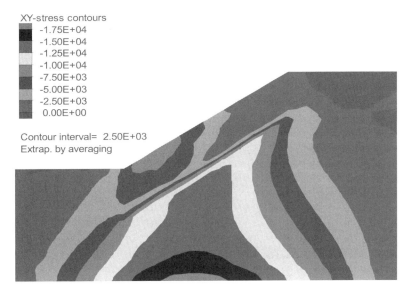

（a）pH = 3

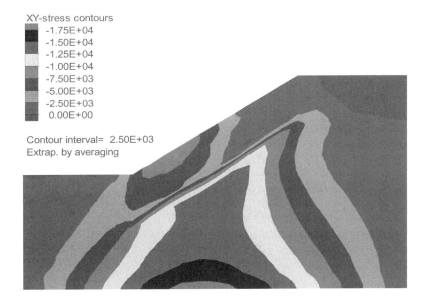

（b）pH = 5

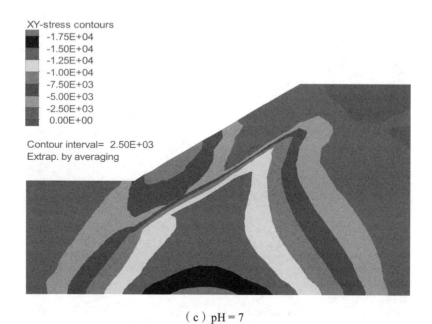

（c）pH = 7

图 9.18 不同 pH 降雨 3 d 后边坡剪应力分布

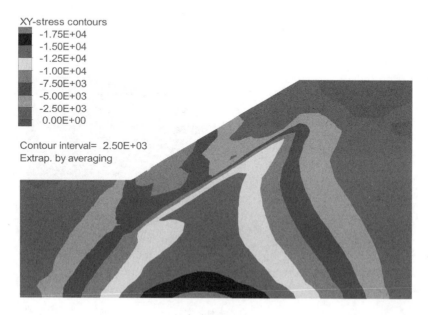

（a）pH = 3

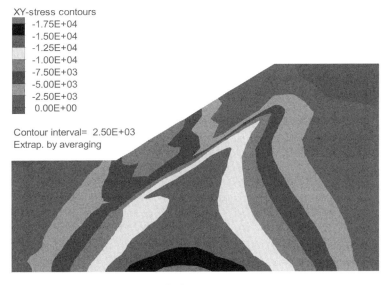

（b）pH = 5

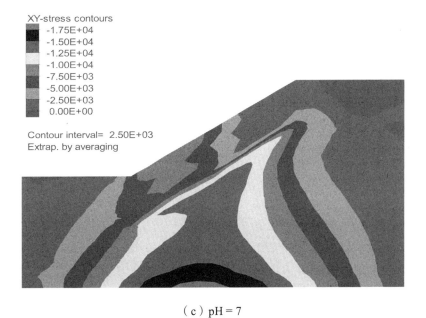

（c）pH = 7

图 9.19 不同 pH 降雨 5 d 后边坡剪应力分布

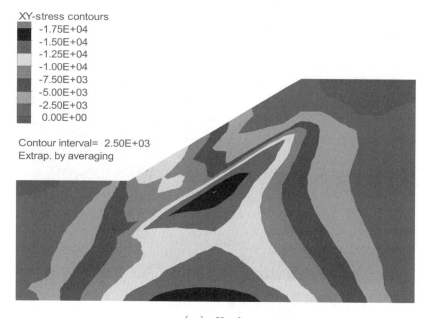

（a）pH＝3

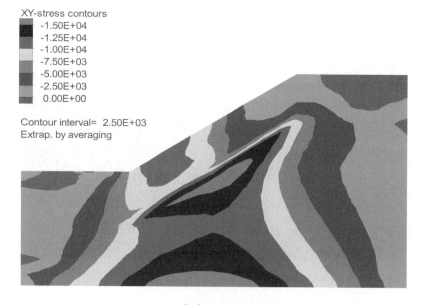

（b）pH＝5

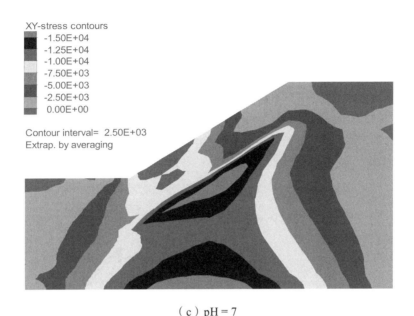

（c）pH = 7

图 9.20 不同 pH 降雨 7 d 后边坡剪应力分布

分析图 9.17 ~ 图 9.20 可知：

在 3 种 pH 降雨入渗作用下，膨胀土边坡剪应力值均随降雨历时的增加明显增大，并在坡体内部发生应力重分布。应力集中现象首先出现在边坡坡脚位置，随降雨历时增加，应力集中区域从边坡坡脚附近逐步往坡体中部及上部发展。降雨历时一定时，随酸雨 pH 减小，坡体应力重分布现象更显著，应力集中区域发展速度加快，影响范围增大；随降雨历时增加，酸雨对土体剪应力的促进作用继续增加。

在大气降雨影响下，降落雨水沿膨胀土边坡表层裂隙快速进入坡体内部，使得表层裂隙分布范围内土体含水率增大，这将导致土体自重应力增大，进而使得雨水影响范围内坡体下滑力增大。由本书第 3 章 3 种 pH 溶液作用下膨胀土裂隙观测试验得到酸雨将促进试样裂隙的发育，且该促进作用随酸雨 pH 减小而愈明显的结论，易知酸雨侵蚀作用促进膨胀土表层裂隙加速发育，导致坡体浅表层土体渗透系数增大，降落雨水将更易渗入膨胀土坡体内部，进而促使坡体下滑力增大，从而使得膨胀土边坡在降酸雨作用下，应力集中区域发展速度加快，影响范围增大，剪应力增加。此外，从第 3 章酸雨干湿循环作用下膨胀土抗剪强度试验研究中可知酸雨环境会使百色膨胀土黏聚力及内摩擦角均出现下降，且对表层土体影响更显著。在降雨入渗作用下，一旦剪应力大于土体抗剪强度时，边坡局部出现塑性区，随着塑性区的不断发展并贯通，最终可能导致坡体提前出现浅层坍滑破坏。

9.3.3 酸雨入渗对边坡安全系数的影响

由前述公式（9.28）~公式（9.33）求得 3 种 pH 降雨入渗作用下边坡安全系数 F_s，如图 9.21 所示。

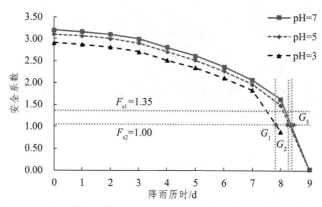

图 9.21 3 种 pH 降雨入渗作用下边坡安全系数 F_s 的变化

随降雨历时的增加，pH 分别为 7、5、3 降雨入渗作用下边坡安全系数 F_s 均逐步减小。对比分析 3 种 pH 降雨入渗作用下 F_s 随降雨历时变化规律，发现随酸雨 pH 减小，相同降雨历时作用下 F_s 减小；降雨历时为 3 d 时，pH 为 3、5、7 降雨环境下 F_s 分别为 2.78、2.96、3.05，与 pH 为 7 降雨相比，pH 为 5 和 3 降雨入渗作用下边坡稳定性安全系数分别下降 3.0%和 9.7%；当降雨历时增至约 7.8 d 时，pH 为 3 降雨入渗作用边坡的 F_s 降至 1.00（图中 G_1 交点处），此时边坡即将出现失稳，而此时，pH 为 5 和 7 的 F_s 为 1.52 和 1.61，坡体仍处于稳定状态；pH 为 5 降雨入渗作用边坡在第 8.3 d 出现失稳（图中 G_2 交点处），pH 为 7 的边坡在第 8.5 d 出现失稳（图中 G_3 交点处）。这表明酸雨入渗作用将促使膨胀土边坡安全系数降低，加速边坡失稳。

9.3.4 酸雨入渗干湿循环对膨胀土边坡浅层坍滑的潜在影响

膨胀土边坡的浅层坍滑破坏受气候变化、风化程度、裂隙发育程度等因素的综合影响。在大气干湿循环作用下，膨胀土边坡浅表层土体裂隙纵横交错，为酸雨的渗入提供了便捷的通道，降落的酸雨先沿裂隙进入坡体，随降雨历时增长，边坡浅表层土体因吸湿而逐渐膨胀，表层原有裂隙逐渐闭合，而裂隙深处无裂膨胀土几乎不透水，导致雨水滞留，浅层土体长期处于酸性环境。基于此种现状，本书研究了酸雨与干湿循环作用对膨胀土的基本物理力学特性（强度、裂隙性、胀缩性）、微细观结构及矿物成分的影响，并通过室内循环饱水化学试验探究了酸雨与膨胀土相互间水-土化学作用机理。

分析本书第 3、4 章研究酸雨干湿循环作用下膨胀土胀缩特性、强度特性、裂隙特性等基本性能所得结论可知：酸雨干湿循环作用加剧了膨胀土的胀缩变形，加速了其抗剪强度衰减，使得其裂隙发育加快，且该影响主要集中在边坡浅表层土体，造成浅表层膨胀土整体性变差，结构强度下降，渗透系数增大。

本书第 5、6、7 章研究了酸雨对膨胀土微观结构及矿物成分的影响，并进一步探究了膨胀土水-土化学作用机理。通过上述研究可知，酸雨干湿循环作用使得膨胀土中起胶结作用的游离氧化物及碳酸盐等胶结物出现溶蚀，造成土体结构联结强度下降，土体微结构变分散，微孔隙数目及尺寸增大。这些研究揭示了酸雨诱发膨胀土宏观物理力学特性劣化的内在原因。

水-土化学作用是导致膨胀土边坡失稳破坏的重要原因。在大气降雨作用下，降落酸雨沿着膨胀土边坡表层分布裂隙深入坡体内部，随降雨历时的增加，酸雨在坡体内部发生转移和储存，同时与膨胀土中的黏土矿物、碳酸盐类矿物及游离氧化物间发生一系列水-土化学作用。酸雨与膨胀土相互间的水-土化学作用，对土体的结构特性产生了重要影响。酸雨的侵蚀作用导致土体结构的整体性与稳定性加速降低，土体抗剪强度下降，膨胀变形增大，裂隙加速发育，渗透系数增大。这些不利影响造成膨胀土边坡在相同降雨强度及降雨历时条件下，边坡暂态饱和区更早形成，坡角处孔隙水压力增大，坡体下滑力增加，坡体水平位移增大，应力集中区域发展速度加快，最终导致膨胀土坡体安全系数下降，提前出现失稳。因此，酸雨入渗干湿循环作用下土体微观结构及矿物成分的演变，将造成其宏观基本物理力学特性出现劣化，导致土体结构整体变差，最终将加速膨胀土边坡在降雨期及雨后出现浅层坍滑。

9.4　本章小结

（1）酸雨入渗会加速边坡饱和区的形成和扩展，随降雨历时的增加，相比 pH 为 7 的降雨，pH 为 3 和 5 降雨入渗下坡体形成暂态饱和区的时间更早，且饱和区扩展趋势更快。

（2）相同降雨历时作用下，随酸雨 pH 减小，坡体正的孔隙水压数值增大。当降雨历时增至 5 d 时，pH 为 3 的降雨入渗作用下坡体坡脚处率先出现正的孔压值；当降雨历时为 8 d 时，pH 为 3、5、7 降雨入渗作用边坡坡脚处最大孔隙水压分别 32 kPa、28 kPa、27 kPa，坡体孔隙水压越大，边坡越容易出现失稳。

（3）酸雨入渗会降低膨胀土边坡安全系数，边坡失稳提前。降雨历时为 3 d 时，pH 为 3、5、7 降雨入渗作用边坡安全系数分别为 2.78、2.96、3.05；当降雨历时增至约 7.8 d 时，pH 为 3 降雨入渗作用边坡出现失稳，而 pH 为 5 和 7 边坡安全系数为 1.52 和 1.61，边坡仍稳定。

（4）酸雨入渗会加剧坡体出现水平滑动。在相同降雨历时作用下，随酸雨 pH 减小，坡体水平位移出现增加现象，坡体应力重分布现象更显著，应力集中区域发展速度加快，影响范围增大；随降雨历时增加，酸雨入渗对土体剪应力的促进作用继续增加，一旦剪应力大于土体抗剪强度时，边坡局部出现塑性区，随塑性区的不断发展并贯通，最终可能导致坡体提前出现浅层坍滑破坏。

（5）酸雨入渗干湿循环作用下膨胀土微观结构及矿物成分的演变，加剧了膨胀土宏观基本物理力学的劣化，导致其胀缩变形增大、抗剪强度降低、裂隙发育加快，使得膨胀土边坡土体的渗透性增大、结构强度降低、整体性变差，最终将加速膨胀土边坡在降雨期及雨后失稳。

研究主要工作结论

（1）干湿循环条件下酸雨入渗膨胀土的深度主要集中于浅表层，其 pH 最小部位为膨胀土中透水与不透水层交界处（即干湿循环作用下膨胀土的开裂深度），地表 6 m 以下的膨胀土均不受酸雨侵蚀，为非酸性土。研究选定模拟入渗酸雨溶液的物质组成及掺配比例合理，采用的酸雨干湿循环模拟方法切实可行。

（2）酸雨入渗促进了百色膨胀土的胀缩变形，使试样水分蒸发加速，收缩变加剧；酸雨的 pH 越小，其对试样膨胀变形的促进作用越大。酸雨干湿循环共同作用对土样膨胀变形的促进作用更显著，$n = 2$ 时，pH 为 3 和 5 的溶液浸泡样的膨胀率实测值比 pH 为 7 的试样分别增大 22.9% 和 8.3%。

（3）酸雨入渗导致了膨胀土的抗剪强度减小，其 pH 越小，经历相同干湿循环次数试样的黏聚力减小越快，$n = 2$ 时出现最大减幅，随后其减速逐渐变缓。同样当 $n = 2$ 时，pH 为 5 和 3 的溶液浸泡样的黏聚力比 pH 为 7 的试样分别减小 31.2% 和 5.2%；而内摩擦角仅稍有减小。

（4）酸雨入渗使土样的表观裂隙发育加剧，即裂隙条数、平均宽度与长度均随其 pH 的减小而增大；$n = 1$，试样的初始含水率为 17% ~ 18% 时，pH 为 3 和 5 溶液浸泡样的裂隙率比 pH 为 7 溶液浸泡样分别增大 41.3% 和 14.3%；n 增至 4 且各试样的含水率 15% ~ 16% 时，相比 pH 为 7 溶液浸泡样的裂隙率，pH 为 3 和 5 的试样分别增大 35.3% 和 12.8%；与中性水干湿循环相比，酸雨与干湿循环二者共同作用下试样的裂隙发育更为显著。

（5）微观分析表明，酸雨入渗导致膨胀土的孔隙率、孔隙平均直径及孔径分布范围均增大，且随酸雨 pH 减小，孔隙发育更显著；$n = 1$，溶液的 pH 由 7 降为 3 时，土样的孔隙率从 8.7% 增至 19.4%，且孔隙面积大于 10 μm^2 的数量增加近 1 倍；叠加干湿循环作用后，土中孔隙的发育更剧烈，IPP 软件获取的土体微结构参数对此已作验证。酸雨入渗试样的黏土矿物结晶程度变差，有序晶体结构减少，且随酸雨 pH 减小该效应越明显；叠加干湿循环作用后，土粒间的间距增大，酸雨与土粒间的土水化学反应更剧烈。

（6）相比室内用静态水饱和，循环饱水过程中降雨入渗冲刷，导致土样中方解石及 SiO_2、CaO、Fe_2O_3、K_2O 和 MgO 等游离氧化物的含量减少，促进了伊利石、蒙脱石及高岭石等矿物间相互作用，离子交换作用增强，且随溶液 pH 减小，变化的趋势越剧烈，造成土中骨架结构松散脱落。

（7）膨胀土水-土化学作用中的主导反应为方解石及游离氧化物的溶蚀，还包括蒙脱石、伊利石等黏土矿物间的反应，石英中游离 SiO_2 胶结物的溶蚀以及离子间的交换作用。方解石及游离氧化物的溶蚀在整个酸雨溶液与膨胀土水-土化学反应过程中起主要作用，且酸雨 pH 越小，这种水化学反应过程越剧烈。

（8）膨胀土叠聚体间胶结作用结构模型可建立 3 种破坏模式，采用所建模型任意土体横截面上的平均强度表达式作分析，发现酸雨干湿循环作用诱发胶结物质的溶蚀、土颗粒骨架的脱落及孔隙比的增大，都将导致土体横截面的平均强度减小，土体结构的劣化加剧。

（9）酸雨入渗促进了土中方解石及游离氧化物等胶结物的溶蚀，导致黏土矿物间反应加剧，离子交换作用增强。干湿循环作用的叠加，使土中微孔隙越发育，酸雨入渗更便捷且与土粒间接触面变大，加剧水-土化学反应，造成土粒骨架结构联结强度不可逆降低，叠聚体微结构形态由面-面接触转为边-面接触。微孔隙尺寸及数量的增大，加上渗流冲刷，使土中骨架结构松散脱落，细观孔隙不断变大，加之脱钾伊利石转变为蒙脱石，使膨胀土亲水性增强，膨胀变形增大，裂隙发育加速，抗剪强度减小，最终导致基本性能劣化。

（10）大气干湿循环加上酸雨与膨胀土间水-土化学作用，造成边坡浅层土体裂隙发育加剧，渗透性和膨胀变形增大，结构的整体性和抗剪强度降低，其综合作用的结果是在相同降雨强度及历时条件下，膨胀土边坡暂态饱和区形成早，坡脚处孔隙水压及边坡下滑力和水平位移均增大，应力集中和塑性区发展快，安全系数急剧减小，从而导致边坡提前失稳。

（11）系统分析研究得出酸雨干湿循环作用使膨胀土基本性能劣化，而其微结构中面-面接触叠聚体的演变、水-土化学作用过程中方解石及游离氧化物的溶蚀及离子交换作用的增强是重要的肇因；酸雨入渗干湿循环作用下膨胀土结构的整体性降低，致使降雨期或雨后边坡浅层坍滑提前。因此，酸雨重灾区的膨胀土工程建设，必须重视并考虑酸雨与干湿循环共同作用的恶劣影响，以确保这种不利条件下的边坡长治久安。

下一步研究工作计划及实施方案

11.1 研究背景

国内外学者已初步探究了膨胀土湿胀各向异性规律，同时发现酸雨与土中物质发生复杂的物理化学反应，使土体的物理力学性质劣变更为严重，并进一步开展了水-土化学作用下膨胀类矿物的作用机理及理论模型研究工作，但研究仍不够深入系统，概括如下：

（1）已有部分学者通过改进和研制多种膨胀试验装置，探究了膨胀土湿胀异性规律，但相关研究工作鲜有考虑残积膨胀土微结构单元形态及排列方式对湿胀异性的影响，且忽视了酸雨地区酸雨入渗这一不利因素。如何定量表征微结构各向异性并建立其与宏观湿胀异性和水化学环境间的联系，对研究酸雨入渗作用下膨胀土湿胀异性微观机制及进一步探究边坡变形失稳问题至关重要。

（2）已有酸雨作用下土体物理力学性能及微结构试验研究工作，一般采用规范中静置饱和方式模拟降雨条件下土样饱和状态，此静态水环境中离子交换及水土相互作用均较弱，无法再现降雨入渗过程中雨水冲蚀与渗流作用对土体结构的影响，与降雨入渗边坡的真实过程不符。如何模拟酸雨入渗边坡过程真实环境开展膨胀土湿胀变形试验研究，对研究酸雨入渗作用下残积膨胀土湿胀变形特征及水-土化学作用机理尤为关键。

（3）当前水化学环境下水-土化学作用机理与理论模型研究还不够系统，现阶段尚缺乏一种描述酸雨区残积膨胀土湿胀变形的理论模型。如何考虑宏观湿胀异性效应、微结构异性率与水-土化学作用进行残积膨胀土湿胀变形模型构建，仍是目前研究的重点和难点，相关理论亟待建立。

11.2 主要研究内容

11.2.1 酸雨入渗作用下残积膨胀土湿胀各向异性特征研究

11.2.1.1 动态水环境下的膨胀土湿胀变形测试装置研究

基于膨胀土边坡降雨入渗实际环境，改进试样饱和方法，考虑边坡土体吸湿过程中竖向与侧向临空面的湿胀异性，研制动态水环境下的膨胀土湿胀变形测试装置，以解决以往静态水饱和方法中离子交换、水-土化学相互作用较弱及酸雨区边坡土体湿胀异性效应考虑不足的问题。

11.2.1.2 残积膨胀土竖向与侧向湿胀异性特征研究

利用内容 11.2.1.1 所研制装置，模拟实际膨胀土边坡浅层坍滑深度范围土体竖向与侧向应力状态及大气干湿循环环境，开展酸雨入渗作用下残积膨胀土有荷与无荷湿胀变形试验研究，探究酸雨入渗作用下膨胀土竖向与侧向湿胀变形规律及二者湿胀各向异性特征。

11.2.2 残积膨胀土湿胀各向异性微观机制及水-土化学作用机理研究

11.2.2.1 残积膨胀土湿胀异性微观机制研究

使用 11.2.1 所研制装置开展微观与水-土化学试验，运用微观测试技术，以定性与定量相结合的方式探究酸雨入渗下膨胀土微结构形态对膨胀土湿胀各向异性的影响。结合分形理论，提出反映叠片状微结构单元取向性与张开度指标——微结构异性率的计算方法，并建立微结构各向异性与宏观湿胀异性的联系。

11.2.2.2 残积膨胀土水-土化学作用机理研究

采用 XRD 等矿物与化学成分测试仪器，探明酸雨入渗下膨胀土中矿物与化学成分、胶结物、溶液中离子成分的演变规律，运用化学成分分析及水-土化学等理论，揭示酸雨与膨胀土间水-土化学反应原理，并建立微观湿胀异性指标同矿物与化学成分、水化学环境之间的定量关系；结合内容 11.2.1 成果，从宏、微观及水-土化学作用角度入手，深刻揭示酸雨入渗下残积膨胀土湿胀各向异性机理。

11.2.3　酸雨入渗作用下残积膨胀土湿胀各向异性模型研究

11.2.3.1　无荷湿胀模型与吸水软化压缩模型研究

结合内容 11.2.1 成果，建立无荷湿胀模型，表征仅由膨胀土微结构特征决定的吸水膨胀差异；建立吸水软化压缩模型，描述竖向与侧向应力状态下酸雨区残积膨胀土吸水物性软化过程的压缩变形规律。

11.2.3.2　残积膨胀土湿胀各向异性模型构建

将残积膨胀土湿胀变形考虑为吸水产生的变形、应力条件下吸水软化产生的变形之和，以建立的无荷湿胀模型与吸水软化压缩模型为基础，引入微结构异性率指标及矿物与化学成分指标，考虑湿胀异性效应、微结构异性率与水-土化学作用，联合构建描述酸雨入渗下残积膨胀土湿胀变形的理论模型，通过室内试验对理论模型进行校正与验证。

11.3　实施方案

11.3.1　总体思路与技术路线

借鉴国内外研究成果，调研近年我国尤其是广西百色地区降酸雨状况及残积膨胀土土层酸性分布情况；研发动态水环境下的膨胀土湿胀变形测试装置，采用湿胀变形试验、微观试验与水-土化学试验并重，理论分析与试验研究并行的研究方法，获取试验数据，分析微结构形态、化学与矿物成分、阳离子交换量、胶结物质、溶液环境等因素对残积膨胀土湿胀各向异性的影响规律与微观机制；阐明其水-土化学作用机理，从微观及水化学角度，深入揭示酸雨入渗作用下残积膨胀土湿胀各向异性机理；在此基础上，考虑湿胀异性效应、微结构异性率与水-土化学作用，构建描述酸雨入渗作用下残积膨胀土湿胀变形的理论模型。研究拟采用的技术路线如图 11.1 所示。

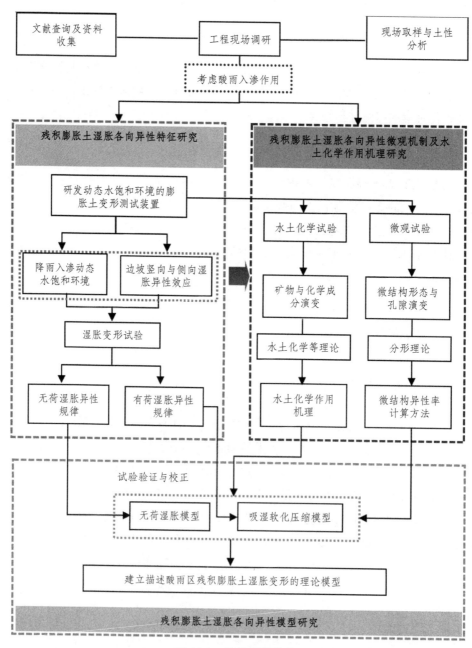

图 11.1　总体技术路线

11.3.2 具体研究方案

11.3.2.1 研制动态水环境下的膨胀土湿胀变形测试装置

（1）仪器设计思路。

考虑膨胀土边坡降雨入渗的实际饱和环境，拟改进试样饱和方法，将常规静态饱和方式改为降雨入渗动态水饱和方式，并考虑边坡土体吸湿过程中竖向与侧向临空面湿胀异性效应，研制动态水环境下的膨胀土湿胀变形测试装置。模型装置的初步设计构思如图 11.2 所示。

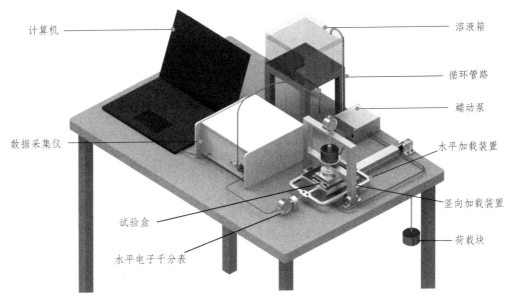

图 11.2 动态水环境下的膨胀土湿胀变形测试装置示意图

（2）装置组成介绍。

图 11.2 中测试装置主要由仪器主体、循环饱水装置、数据采集仪、计算机 4 部分组成。

仪器主体：根据平衡加压试验方法的原理进行装置研制。仪器主体主要由试验盒、竖向加载装置、水平加载装置 3 部分组成。其中水平加载装置主要由竖向吊盘、传动滑轮、水平传力装置、反力架、水平加压杆接触端部多孔圆板组合而成，在该装置右侧下缘托盘施加砝码，托盘荷载通过竖向导杆传至右侧固定滑轮，再通过水平传力装置传至反力架，通过加压杆接触端部多孔圆板将水平荷载施加至试样左侧，以此实现水平荷载施加。

循环饱水装置：主要由溶液箱、水流管路、蠕动泵、进出水口组合设计而成，设计为闭合循环水路。该装置用于模拟降雨冲蚀及渗流作用。雨水从顶部溶液箱底部自由下落流入试样上部多孔顶盖，并从上部与侧面流入试样，在水流管路中接入蠕动泵以控制水流流速，流入试样水流从试样盒底部出口流出，流出水流通过蠕动泵泵送至溶液箱。

数据采集仪：位于仪器的外部，通过数据线与仪器主体部分的各个传感器连接，并通过数据线与计算机相连接。

计算机：主要是运用操作程序对数据采集中数据进行记录与分析。

本次试验拟采用尺寸为 3 cm×3 cm×3 cm 的方形试样进行湿胀变形试验，采用专用试验工具切取原状土样开展试验。试样盒与加载装置局部示意图，如图 11.3 所示。

试验盒主要由外盒与试样内盒组合而成。外盒中可存入水流，水平加压杆从外盒穿入，通过其端部加压多孔圆板与试样左侧多孔板接触。试样内盒左侧与上侧均为无侧限设计，在这两个方向均设置一多孔板，同时，在试样左侧多孔板下方设置可移动滑轮。上部水流接入口设置于竖向多孔盖板上缘，多孔盖板内部为镂空设计，模拟降落雨水流入土层；通过两组电子千分表分别监测降雨入渗过程中试样在水平与竖直方向的动态变形数据。

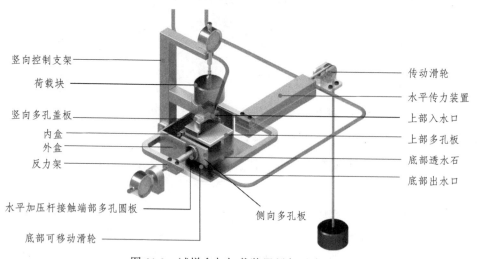

图 11.3　试样盒与加载装置局部示意图

（3）干湿循环模拟。

为减少干湿循环试验过程中对试样的扰动，本次研究吸湿和脱湿过程均在试验盒中完成。

吸湿过程：为模拟降雨入渗动态水饱和过程，在试样盒底部和上盖分别接入水流管路并连接循环饱水装置，以实现动态水环境下的膨胀土变形监测。

脱湿过程：拟在装置上方加设加热装置，模拟大气高温环境达到脱湿目的。

11.3.2.2　开展酸雨入渗作用下残积膨胀土湿胀变形试验

（1）试样制备与酸雨溶液配制。

因酸雨对膨胀土影响范围主要集中在距地表 3 m 内，对更深层土体影响很小，本项目拟选用 6 m 深度位置未受酸雨侵蚀残积原状土切取制备试验试样。根据广西百色地区酸雨成分调研，拟选用稀硫酸和稀硝酸按 $n(SO_4^{2-})$ ∶ $n(NO_3^-) = 3∶1$ 的物质的量比配制酸雨溶液；根据该地区历年降雨酸度分别配制 pH 为 2、3、4、5 的酸性环境水溶液。同时，为与常规试验进行对比，采用蒸馏水模拟中性水环境（pH 为 7）。

（2）静态水饱和与动态水饱和环境模拟。

为对比分析酸雨入渗作用下静态水饱和与动态水饱和环境对试样湿胀变形的影响，设置 5 组动态溶液饱和环境（pH 为 2、3、4、5、7）。同时，为与常规静态水饱和环境下试验进行对比，另设置 5 种静态溶液环境（pH 为 2、3、4、5、7）作为对照组，共计 10 组，饱和时间初定为 1 周。

（3）有荷与无荷湿胀变形试验。

拟在动态水环境下的膨胀土湿胀变形测试装置中开展湿胀变形试验，通过应力加载装置模拟实际膨胀土边坡浅层坍滑深度范围（小于 3 m）土体的受力状态，施加竖向及侧向应力（通常小于 50 kPa），通过循环饱水装置及加热装置模拟干湿循环作用（1~4 次）。拟定湿胀变形试验内容见表 11.1。

表 11.1　湿胀变形试验计划

试验项目	降雨环境（pH）	水平荷载/kPa	饱和方式	干湿循环次数/次	竖向荷载/kPa
无荷湿胀变形试验	2、3、4、5、7	0	动态水、静态水	0、1、2、3、4	0
有荷湿胀变形试验	2、3、4、5、7	5、15、25、50	动态水、静态水	0、1、2、3、4	5、15、25、50

① 无荷湿胀变形试验。

开展无荷膨胀试验，获取不同酸雨环境与干湿循环次数作用下膨胀土竖向与侧向无荷膨胀数据，探究酸雨入渗与干湿循环作用下残积膨胀土无荷湿胀变形规律，分析侧向与竖向无荷膨胀差异。

② 有荷湿胀变形试验。

竖向与侧向施加荷载等级分别控制为 5 kPa、15 kPa、25 kPa、50 kPa，分别在水平与侧向施加等压荷载、不等压荷载与单向荷载，开展有荷膨胀试验，获得不同酸雨环境与干湿循环次数作用下膨胀土竖向与侧向有荷膨胀数据，分析不同荷载条件下酸雨入渗与干湿循环作用对残积膨胀土湿胀变形的影响及竖向与侧向湿胀变形差异。其中，不等荷载与单向荷载加载条件下获得数据可用于后期湿胀异性模型修正与校验。上述试验控制初始含水率一致。

11.3.2.3　开展酸雨入渗作用下膨胀土水-土化学试验

拟在动态水环境下的膨胀土湿胀变形测试装置（图 11.3）中开展酸雨入渗作用下膨胀土水-土化学试验，并采用多种微观仪器、分析软件获取并分析试验数据。

（1）探寻酸雨入渗作用下残积膨胀土湿胀异性微观机制。

采用扫描电镜与压汞仪，探究酸雨（pH 为 2、3、4、5）、中性水（pH 为 7）分别于干湿循环作用下（$n = 1$、2、3、4），常规静态水与动态循环水饱和试样的微观结构变化规律，分析酸雨入渗对残积膨胀土微结构的影响。具体试验内容为：采用冻干法对试验试样进行冷冻处理，采用扫描电镜分析酸雨入渗作用下残积膨胀土片状微结构单元排列形式、接触方式等微结构形态演变规律，以叠片结构单元面-面接触取向性和张开度为主要定量研究对象，运用 MATLAB 软件开发图像处理程序定量分析片状微结构参数，结合分形理论，建立反映叠片状微结构单元取向性与张开度指标——微结构异性率的计算方法，定量表征微结构各向异性并建立与宏观湿胀异性联系。采用压汞仪分析孔隙尺寸与孔径分布规律，并对扫描电镜试验结果进行验证。拟定微观试验内容见表 11.2。

表 11.2 微观试验计划

试验项目	降雨环境（pH）	水平荷载/kPa	饱和方式	干湿循环次数/次	竖向荷载/kPa
扫描电镜试验	2、3、4、5、7	0、15	动态水	0、2、4	0、15、50
		0、15	静态水	0、4	15
压汞试验	2、3、4、5、7	0、15	动态水	0、4	0、15、50
		0、15	静态水	0、4	15

（2）揭示酸雨入渗作用下残积膨胀土水-土化学作用机理。

运用 X 射线衍射仪、电感耦合等离子发射光谱仪及荧光光谱分析，探究酸雨（pH 为 2、3、4、5）、中性水（pH 为 7）分别于干湿循环作用下（$n = 1、2、3、4$），常规静态水与动态循环水饱和试样的矿物与化学成分、胶结物质、溶液中离子成分的变化规律。电感耦合等离子体发射光谱仪与试验装置原理示意图如图 11.4、图 11.5。

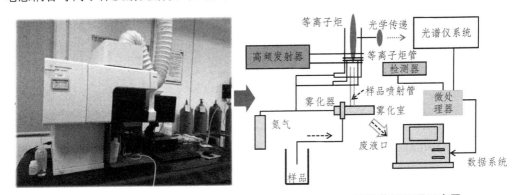

图 11.4　电感耦合等离子体发射光谱仪　　　图 11.5　试验装置原理示意图

具体试验内容为：分别取不同酸雨环境与干湿循环作用试样及溶液中沉淀物进行 X 射线衍射仪分析及荧光光谱分析，分别探究酸雨入渗作用下残积膨胀土中矿物成分与化学成分变化规律，重点分析试样中蒙脱石、伊利石等黏土矿物成分变化规律。同时，提取不同酸雨环境与干湿循环作用后的溶液，采用电感耦合等离子体发射光谱仪测定溶液中阳离子成分与浓度，重点分析溶液中阳离子交换规律。将动态水环境下水-土化学试验结果与常规静态环境下的结果进行对比分析，探明降雨入渗冲蚀作用对水-土化学作用与离子交换作用的影响。拟定水化学试验内容见表 11.3。

表 11.3 水-土化学试验计划

试验项目	降雨环境（pH）	水平荷载/kPa	饱和方式	干湿循环次数/次	竖向荷载/kPa
X 射线衍射试验	3、4.5、5.6、7	0、15	动态水	0、2、4	0、15、50
			静态水	0、4	15
荧光光谱分析	3、4.5、5.6、7	0、15	动态水	0、4	0、15、50
			静态水	0、4	15
电感耦合等离子发射光谱试验	3、4.5、5.6、7	0、15	动态水	0、4	0、15、50
			静态水	0、4	15

基于水-土化学试验结果，拟运用 PHREEQC 地球化学模拟软件，模拟膨胀土水-土化学反应过程。该软件采用自身 INVERSE-MODELING 模块，选择潜在水-土化学反应方程建立分析模型，这些方程组成的方程组采用改进的牛顿-拉斐逊（Newton-Raphson）方法进行迭代求解，可对水-岩（土）相互反应过程中矿物质溶解与溶蚀、离子交换、黏土矿物与溶液间物理化学作用进行模拟。根据 Hofmeister 序列，可知水化学溶液中离子吸附的顺序为 $H^+ < Na^+ < Li^+ < Rb^+ < Cs^+ < Mg^{2+} < Ca^{2+} < Ba^{2+} < Cu^{2+} < Al^{3+} < Fe^{3+} < Th^{4+}$。在前期研究中已得到酸性环境中膨胀土与雨水间潜在水-土化学反应主要过程为：

$$CaCO_3 + 2H^+ \rule[0.5ex]{1.5em}{0.4pt} Ca^{2+} + CO_2 + H_2O \qquad 方解石 \quad (11.1)$$

$$KAl_3Si_3O_{10}(OH)_2 + 10H^+ \rule[0.5ex]{1.5em}{0.4pt} K^+ + 3Al^{3+} + 3H_4SiO_4 \qquad 伊利石 \quad (11.2)$$

$$Al_2Si_2O_5(OH)_4 + 6H^+ \rule[0.5ex]{1.5em}{0.4pt} 2Al^{3+} + 2H_4SiO_4 + H_2O \qquad 高岭石 \quad (11.3)$$

$$Ca_{0.17}Al_{2.33}Si_{3.67}O_{10}(OH)_2 + H^+ \longrightarrow Ca^{2+} + Al^{3+} + H_4SiO_4 \qquad I 类蒙脱石 \quad (11.4)$$

$$Ca^{2+} + 2KX(s) \longrightarrow CaX(s) + 2K^+ \qquad 离子交换 \quad (11.5)$$

根据水-土化学试验及 PHREEQC 地球化学模拟软件结果，结合双电层理论、晶格扩张理论、分形理论及黏土矿物全量分析法，探寻酸雨入渗作用下残积膨胀土水-土化学反应原理。在此基础上，根据宏观湿胀变形试验、微观试验与水-土化学试验结果，建立微观湿胀异性指标与矿物与化学成分、水化学环境之间的定量关系，从宏、微观及水化学角度深入揭示酸雨入渗作用下残积膨胀土湿胀各向异性机理。

11.3.2.4 构建酸雨入渗作用下残积膨胀土湿胀各向异性模型

（1）建立无荷湿胀模型与吸水软化压缩模型。

基于湿度应力场理论，根据无荷膨胀试验结果，分析侧向膨胀量与竖向膨胀量的关系，确定湿胀各向异性系数，并联系 11.3.2.3 第（1）中反映叠片状微结构单元取向性与张开度指标——微结构异性率，建立酸雨入渗作用下残积膨胀土无荷湿胀模型，表征仅由膨胀土微结构特征决定的竖向与侧向吸水膨胀差异。有荷载作用下土体吸湿膨胀过程中变形量包括外力作用下的压缩量和无荷吸水膨胀量，其中压缩量为有荷吸湿总变形量与无荷吸水膨胀量的差值。根据有荷与无荷膨胀试验结果，建立不同应力状态、压缩量、湿胀各向异性系数与微结构异性率之间的函数关系，并构建吸水软化压缩模型，描述竖向与侧向应力状态下酸雨区残积膨胀土吸水物性软化过程的压缩变形规律。

（2）建立宏观膨胀指标与微观参数和水化学环境之间的定量关系。

根据水-土化学试验、微观试验与湿胀变形试验结果，进行矿物与化学成分、阳离子交换量、胶结物质溶蚀量、溶液 pH 与膨胀变形参数的敏感性分析，根据分析结果，筛选有效参数并建立与宏观湿胀变形、微结构异性率间的定量表征关系。

根据现有非饱和膨胀土理论基本思想，将残积膨胀土湿胀变形考虑为吸水产生的变形（无荷吸湿膨胀）、应力条件下吸水软化产生的变形（有荷吸湿膨胀中外力引起的压缩量）之和。以酸雨入渗作用下无荷湿胀模型和吸湿软化压缩模型为基础，考虑水-土化学作用、微结构异性率与宏观湿胀异性效应，引入微结构异性率指标和筛选的矿物与化学成分指标，建立描述酸雨区残积膨胀土湿胀变形的理论模型，开展不同酸雨入渗条件下的湿胀变形试验、微观及水-土化学试验，通过试验数据对理论模型进行校正和验证。

参考文献

[1] CHEN Xuan，SHAN Xiaoran，SHI Zhaoji，et al. Analysis of the Spatio-temporal Changes in Acid Rain and Their Causes in China (1998-2018)[J]. Journal of Resources and Ecology，2021，12（5）：593-599.

[2] ZHOU X D，XU Z F，LIU W J，et al. Chemical composition of precipitation in Shenzhen，a coastal mega-city in South China：influence of urbanization and anthropogenic activities on acidityand ionic composition[J]. Science of the Total Environment，2019，662：218-226.

[3] 李沁宇，刘鑫，张金池. 长三角区域酸雨类型转变趋势研究[J]. 南京林业大学学报（自然科学版），2021，45（1）：168-174.

[4] 任宏艳，张翠平. 酸雨对我国生态系统的影响及防止对策[J]. 现代园艺，2023，46（5）：89-92.

[5] 余倩，段雷，郝吉明. 中国酸沉降：来源，影响与控制[J]. 环境科学学报，2021，41（3）：731-746.

[6] 王苗，刘敏，王凯，等. 2007—2014 年湖北省酸雨变化时空特征分析[J]. 气象，2016，42（7）：857-864.

[7] 石春娥，邓学良，杨元建，等. 1992—2013 年安徽省酸雨变化特征及成因分析[J]. 南京大学学报（自然科学版），2015，51（3）：508-516.

[8] 孙平安，李秀存，于奭，等. 酸雨溶蚀碳酸盐岩的源汇效应分析——以广西典型岩溶区为例[J]. 中国岩溶，2017，36（1）：101-108.

[9] JABOYEDOFF M，BAILIFARD F，BARDOU E，et al. The effect of weathering on Alpine rock instability[J]. Quarterly Journal of Engineering Geology and Hydrogeology，2004，37（2）：95-103.

[10] HARUO S Z. Process of slip-surface development and formation of slip-surface clay in landslides in Tertiary volcanic rocks，Japan[J]. Engineering Geology，2001，61（4）：199-220.

[11] 赵宇，崔鹏，胡良博. 黏土抗剪强度演化与酸雨引发滑坡的关系——以三峡库区滑坡为例[J]. 岩石力学与工程学报，2009，28（3）：576-582.

[12] BAKHSHIPOUR Z，ASADI A，SRIDHARAN A，et al. Acid rain intrusion effects on the compressibility behaviour of residual soils[J]. Environmental Geotechnics，2019，6（7）：460-470..

[13] BAKHSHIPOUR Z，ASADI A，HUAT B B K，et al. Long-term intruding effects of acid rain on engineering properties of primary and secondary kaolinite clays[J]. International Journal of Geosynthetics and Ground Engineering，2016，2（3）：21.

[14] 魏伟. 酸性环境下重塑膨胀土的胀缩性和抗剪强度研究[D]. 桂林：桂林理工大学，2016，12-33.

[15] 陈卫昌，李黎，邵明申，等. 酸雨作用下碳酸盐岩类文物的溶蚀过程与机理[J]. 岩土工程学报，2017，37（11）：116-125.

[16] 王子娟，刘新荣，傅晏，等. 酸性环境干湿循环作用对泥质砂岩力学参数的劣化研究[J]. 岩土工程学报，2016，38（6）：1152-1159.

[17] YANG Heping，ZHENG Jianlong，ZHANG Rui. Addressing expansive soils[J]. Civil Engineering，2007，77（3）：62-67.

[18] 肖杰. 膨胀土边坡浅层滑坍原因及有效支护原理研究[D]. 长沙：长沙理工大学，2014：87-88.

[19] 王正波，张明，陈建军，等. 酸雨对重庆武隆鸡尾山滑坡滑带页岩物理力学性质的影响[J]. 水文地质工程地质，2017，44（3）：113-118.

[20] 李光雷，蔚立元，靖洪文，等. 酸腐蚀后灰岩动态压缩力学性质的试验研究[J]. 岩土力学，2017，38（11）：3247-3254.

[21] 王哲，丁耀堃，许四法，等. 酸雨环境下磷酸镁水泥固化锌污染土溶出特性研究[J]. 岩土工程学报，2017，39（4）：697-704.

[22] 伍浩良，刘兆鹏，杜延军，等. 酸雨作用下含磷固化剂处理铅锌镉复合污染土的半动态浸出试验研究[J]. 岩土工程学报，2017，39（6）：1058-1064.

[23] 温春辉，刘祖文，张念，等. 模拟酸雨对赣南稀土矿淋滤实验研究[J]. 有色金属科学与工程，2016，7（3）：113-117.

[24]   汤文，姚志宾，李邵军，等. 水化学作用对滑坡滑带土的物理力学特性影响试验研究
[J]. 岩土力学，2016，37（10）：2885-2892.

[25]   张先伟，孔令伟，陈成，等. 水化学环境对湛江组黏土结构强度的影响研究[J]. 岩土
工程学报，2017，39（11）：1967-1975.

[26]   BAKHSHIPOUR Z，ASADI A，HUAT B B K，et al. Effect of acid rain on geotechnical
properties of residual soils[J]. Soils and Foundations，2016，56（6）：1008-1020.

[27]   XU H Q，ZHANG J E，OUYANG Y，et al. Effects of simulated acid rain on microbial
characteristics in a lateritic red soil[J]. Environmental Science & Pollution Research
International，2015，22（22）：18260-18266.

[28]   顾欢达，顾熙. 酸雨环境对轻质土的工程性质的影响[J]. 环境科学与技术，2006，29
（3）：17-18.

[29]   张信贵，易念平，吴恒. 不同 pH 水环境下土变形特性的试验研究[J]. 高校地质学报，
2006，12（2）：242-248.

[30]   朱春鹏，刘汉龙，沈扬. 酸碱污染土强度特性的室内试验研究[J]. 岩土工程学报，2011，
33（7）：1146-1152.

[31]   朱春鹏，刘汉龙，沈扬. 酸碱污染软黏土变形性质的三轴试验研究[J]. 岩土工程学报，
2009，31（10）：1559-1563.

[32]   刘汉龙，朱春鹏，张晓璐. 酸碱污染土基本物理性质的室内测试研究[J]. 岩土工程学
报，2008，30（8）：1213-1217.

[33]   陈余道，朱学愚，蒋亚萍. 粘性土土洞形成的水化学侵蚀实验[J]. 水文地质工程地质，
1997，1（1）：29-32.

[34]   李相然，姚志祥，曹振斌. 济南典型地区地基土污染腐蚀性质变异研究[J]. 岩土力学，
2004，25（8）：1229-1233.

[35]   JALALI M，NADERI E. The impact of acid rain on phosphorus leaching from a sandy
loam calcareous soil of western Iran[J]. Environmental Earth Sciences，2012，66（1）：
311-317.

[36]   SARKAR G，ISLAM M R，ALAMGIR M，et al. Effect of acid rain on geotechnical
properties of composite fine-grained soil[J]. International Journal of Applied Science &
Engineering Research，2012，1（1）：64-73.

[37] 陈宇龙，张宇宁，戴张俊，等. 酸性环境对污染土力学性质的影响[J]. 东北大学学报（自然科学版），2016，37（9）：1343-1348.

[38] MOMENI M，BAYAT M，AJALLOEIAN R. Laboratory investigation on the effects of pH-induced changes on geotechnical characteristics of clay soil[J]. Geomechanics and Geoengineering，2022，17（1）：188-196.

[39] 蒙高磊，陈逸方，王根伟，等. 水土作用对桂林重塑红黏土工程性质试验研究[J]. 科学技术与工程，2017，17（10）：265-271.

[40] PRASAD C R V，REDDY P H P，MURTHY V R，et al. Swelling characteristics of soils subjected to acid contamination[J]. Soils & Foundations，2018，58（1）：101-121.

[41] HARI P R P，CHAVALI R V P，PILLAI R. Swelling of natural soil subjected to acidic and alkaline contamination[J]. Periodica Polytechnica Civil Engineering，2017，61（3）：611-620.

[42] SHUZUI H. Landsliding of ignimbrite subject to vapor-phase crystallization in the Shirakawa pyroclastic flow，northern Japan[J]. Engineering Geology，2002，66（1/2）：111-125.

[43] HURLIMANN M，LEDESMA A，MART J. Characterisation of a volcanic residual soil and its implications for large landslide phenomena：application to Tenerife，Canary Islands[J]. Engineering Geology，2001，59（1）：115-132.

[44] 汤文，姚志宾，李邵军，等. 水化学作用对滑坡滑带土的物理力学特性影响试验研究[J]. 岩土力学，2016，37（10）：2885-2892.

[45] 张浚枫，黄英，范本贤，等. 酸雨浸泡作用下云南红土的剪切特性[J]. 环境化学，2017，36（6）：1353-1361.

[46] 刘剑，崔鹏. 水土化学作用对土体黏聚力的影响——以蒙脱石-石英砂重塑土为例[J]. 岩土力学，2017，38（2）：419-427.

[47] 顾剑云，程圣国，杨云华，等. 酸雨对滑坡土体抗剪强度参数影响试验研究[J]. 水利水电技术，2011，42（10）：36-39.

[48] 包承纲. 非饱和土的性状及膨胀土边坡稳定问题[J]. 岩土工程学报，2004，26（1）：1-15.

[49] 殷宗泽，韦杰，袁俊平，等. 膨胀土边坡的失稳机理及其加固[J]. 水利学报，2010，41（1）：1-6.

[50] 杨涛，姜海波，赵海蛟. 干湿循环作用下渠道膨胀土裂隙演化规律及强度特性研究[J/OL]. 长江科学院院报：1-7 [2023-12-22]. http://kns.cnki.net/kcms/detail/42.1171.TV.20230629.1743.004.html.

[51] 周葆春，晏钰哲，陈翔宇，等. 膨胀土胀缩性与裂隙性的湿干循环效应[J]. 信阳师范学院学报（自然科学版），2023，36（4）：647-655.

[52] 高志傲，孔令伟，王双娇，等. 平面应变条件下不同裂隙方向原状膨胀土变形破坏性状与剪切带演化特征[J]. 岩土力学，2023，44（9）：2495-2508.

[53] 曹雪山，章纬，李国维，等. 膨胀土裂隙发育特征定量化方法的试验研究[J]. 岩土工程学报，2023，45（12）：2556-2564.

[54] 申科，朱潇钰，张英莹. 不同温度下膨胀土裂隙演化规律研究[J]. 水电能源科学，2017（3）：122-124.

[55] 殷宗泽，袁俊平，韦杰，等. 论裂隙对膨胀土边坡稳定的影响[J]. 岩土工程学报，2012，34（12）：2155-2161.

[56] 唐朝生，施斌，刘春. 膨胀土收缩开裂特性研究[J]. 工程地质学报，2012，20（5）：663-673.

[57] 曹玲，王志俭，张振华. 降雨-蒸发条件下膨胀土裂隙演化特征试验研究[J]. 岩石力学与工程学报，2016，35（2）：1-5.

[58] 陈文玲，谢娟，孙韵. 酸雨腐蚀对大理岩单轴压缩特性的影响[J]. 中南大学学报（自然科学版），2013，44（7）：2897-2902.

[59] 刘新荣，袁文，傅晏，等. 化学溶液和干湿循环作用下砂岩抗剪强度劣化试验及化学热力学分析[J]. 岩石力学与工程学报，2016（12）：2534-2541.

[60] 李宁，朱运明，张平，等. 酸性环境中钙质胶结砂岩的化学损伤模型[J]. 岩土工程学报，2003，25（4）：395-399.

[61] 李鹏，刘建，李国和，等. 水化学作用对砂岩抗剪强度特性影响效应研究[J]. 岩土力学，2011，32（2）：380-386.

[62] FENG X T, CHEN S, LI S. Effects of water chemistry on microcracking and compressive strength of granite[J]. International Journal of Rock Mechanics & Mining Sciences, 2001, 38（4）: 557-568.

[63] 王子娟, 刘新荣, 傅晏, 等. 酸性环境干湿循环作用对泥质砂岩力学参数的劣化研究[J]. 岩土工程学报, 2016, 38（6）: 1152-1159.

[64] 韩铁林, 师俊平, 陈蕴生. 砂岩在化学腐蚀和冻融循环共同作用下力学特征劣化的试验研究[J]. 水利学报, 2016, 47（5）: 644-655.

[65] 李志清, 李涛, 胡瑞林, 等. 蒙自重塑膨胀土膨胀变形特性与施工控制研究[J]. 岩土工程学报, 2008, 30（12）: 1855-1860.

[66] SIVAPULLAIAH P V, PRASAD B G, ALLAM M M. Effect of sulfuric acid on swelling behavior of an expansive soil[J]. Soil & Sediment Contamination an International Journal, 2009, 18（2）: 121-135.

[67] 李小娟, 梁学杰. 酸性环境冻融循环对砂岩抗剪强度参数损伤效应[J]. 科学技术与工程, 2017（10）: 132-135.

[68] 陈卫昌, 李黎, 邵明申, 等. 酸雨作用下碳酸盐岩类文物的溶蚀过程与机理[J]. 岩土工程学报, 2017（11）: 116-125.

[69] 乔丽苹, 刘建, 冯夏庭. 砂岩水物理化学损伤机制研究[J]. 岩石力学与工程学报, 2007, 26（10）: 2117-2124.

[70] 李光雷, 蔚立元, 靖洪文, 等. 酸腐蚀后灰岩动态压缩力学性质的试验研究[J]. 岩土力学, 2017, 38（11）: 3247-3254.

[71] 温淑瑶, 杨德涌, 陈捷. 膨润土及其酸化土、碱处理酸化土的 X 射线衍射特征及扫描电镜下的表面特征分析[J]. 矿物学报, 2001, 21（3）: 453-456.

[72] 朱春鹏, 刘汉龙. 污染土的工程性质研究进展[J]. 岩土力学, 2007, 28（3）: 625-630.

[73] 阎瑞敏, 滕伟福, 闫蕊鑫. 水土相互作用下滑带土力学效应与微观结构研究[J]. 人民长江, 2013, 44（22）: 82-85; 106.

[74] BENDOU S, AMRANI M. Effect of hydrochloric acid on the structural of sodic-bentonite Clay[J]. Journal of Minerals & Materials Characterization & Engineering, 2014, 2（5）: 404-413.

[75]   WANG Y H, SIU W K. Structure characteristics and mechanical properties of kaolinite soils. II. Effects of structure on mechanical properties[J]. Canadian Geotechnical Journal, 2006, 43（6）: 601-617.

[76]   CALVELLO M, LASCO M, VASSALLO R, et al. Compressibility and residual shear strength of smectitic clays: influence of pore aqueous solutions and organic solvents[J]. Italian Geotechnical Journal, 2005, 1（2005）: 34-46.

[77]   LIU Yang, WILL P, BOUAZZA A, et al. Acid induced degradation of the bentonite component used in geosynthetic clay liners[J]. Geotextiles & Geomembranes, 2013, 36（1）: 71-80.

[78]   MAGGIO R D, GAJO A, WAHID A S. Chemo-mechanical effects in kaolinite Part 1: prepared samples[J]. Géotechnique, 2010, 61（6）: 449-457.

[79]   SELVIN R, HSU H L, ANEESH P, et al. Preparation of acid-modified bentonite for selective decomposition of cumene hydroperoxide into phenol and acetone[J]. Reaction Kinetics Mechanisms & Catalysis, 2010, 100（1）: 197-204.

[80]   PANDA A K, MISHRA B G, MISHRA D K, et al. Effect of sulphuric acid treatment on the physico-chemical characteristics of kaolin clay[J]. Colloids & Surfaces A Physicochemical & Engineering Aspects, 2010, 363（1）: 98-104.

[81]   HASSANLOURAD M, KHATAMI M H, AHMADI M M. Effects of sulphuric acid pollutant on the shear behaviour and strength of sandy soil and sand mixed with bentonite clay[J]. International Journal of Geotechnical Engineering, 2016, 11（2）: 114-119.

[82]   TANG Q, KATSUMI T, INUI T, et al. Influence of pH on the membrane behavior of bentonite amended Fukakusa clay[J]. Separation & Purification Technology, 2015, 141: 132-142.

[83]   ABEDI KOUPAI J, FATAHIZADEH M, MOSADDEGHI M R. Effect of pore water pH on mechanical properties of clay soil[J]. Bulletin of Engineering Geology and the Environment, 2020, 79（3）: 1461-1469.

[84]   GHOBADI M H, ABDILOR Y, BABAZADEH R. Stabilization of clay soils using lime and effect of pH variations on shear strength parameters[J]. Bulletin of Engineering Geology & the Environment, 2014, 73（2）: 611-619.

[85]　CHAVALI R V P, PONNAPUREDDY H P R. Swelling and compressibility characteristics of bentonite and kaolin clay subjected to inorganic acid contamination[J]. International Journal of Geotechnical Engineering, 2018, 12（5）: 500-506.

[86]　汤连生. 略论岩土化学力学[J]. 中山大学学报（自然科学版）, 2002, 41（3）: 86-90.

[87]　APPELO C A J, POSTMA D. Geochemistry, groundwater and pollution[M]. Balkema, 1993.

[88]　肖桂元, 陈学军, 韦昌富, 等. 酸雨作用下红黏土渗透性影响机制及压实度控制[J]. 岩石力学与工程学报, 2016, 35（S1）: 3283-3290.

[89]　周修萍, 江静蓉, 梁伟, 等. 模拟酸雨对南方五种土壤理化性质的影响[J]. 环境科学, 1988, 9（3）: 6-12.

[90]　夏磊. 酸雨作用对河道淤泥气泡混合土工程性质稳定性的影响[D]. 苏州: 苏州科技大学, 2017: 71-88.

[91]　路世豹, 张建新, 雷扬, 等. 某硫酸库地基污染机理的探讨[J]. 岩土工程界, 2002, 6（5）: 37-39.

[92]　刘媛, 梁和成, 唐朝晖, 等. 滑坡水土作用体系中 Ca^{2+} 的地球化学行为的反向模拟[J]. 水文地质工程地质, 2012, 39（2）: 106-110.

[93]　孙重初. 酸液对红黏土物理力学性质的影响[J]. 岩土工程学报, 1989, 11（4）: 89-93.

[94]　李善梅, 刘之葵, 蒙剑坪. pH 值对桂林红黏土界限含水率的影响及其机理分析[J]. 岩土工程学报, 2017, 39（10）: 1814-1822.

[95]　MAGGIO R D, GAJO A, WAHID A S. Chemo-mechanical effects in kaolinite　Part 2: exposed samples and chemical and phase analyses[J]. Géotechnique, 2011, 61（6）: 449-457.

[96]　温淑瑶. 膨润土与其酸化土、碱处理酸化土的电动性质研究[J]. 北京师范大学学报（自然科学版）, 2002, 38（1）: 128-130.

[97]　汤连生. 水-岩反应的力学与环境效应研究[D]. 北京: 中国科学院地质与地球物理研究所, 2000.

[98]　颜荣涛, 吴二林, 徐文强, 等. 水化学环境变异下黏土物理力学特性研究进展[J]. 长江科学院院报, 2014, 31（6）: 41-47; 52.

[99] GAJO A, LORET B. The mechanics of active clays circulated by salts, acids and bases[J]. Journal of the Mechanics and Physics of Solids, 2007, 55 (8): 1762-1801.

[100] 殷宗泽, 徐彬. 反映裂隙影响的膨胀土边坡稳定性分析[J]. 岩土工程学报, 2011, 33 (3): 454-459.

[101] 袁俊平, 殷宗泽. 考虑裂隙非饱和膨胀土边坡入渗模型与数值模拟[J]. 岩土力学, 2004, 25 (10): 1581-1586.

[102] 刘华强, 殷宗泽. 膨胀土边坡稳定分析方法研究[J]. 岩土力学, 2010, 31 (5): 1545-1549.

[103] 姚海林, 郑少河, 李文斌. 降雨入渗对非饱和膨胀土边坡稳定性影响的参数研究[J]. 岩石力学与工程学报, 2002, 21 (7): 1034-1039.

[104] 程展林, 李青云, 郭熙灵, 等. 膨胀土边坡稳定性研究[J]. 长江科学院院报. 2011, 28 (10): 102-111.

[105] 黄斌, 程展林, 徐晗. 膨胀土膨胀模型及边坡工程应用研究[J]. 岩土力学, 2014, 35 (12): 3550-3555.

[106] ALONSO E E, VAUNAT J, GENS A. Modelling the mechanical behavior of expansive clays[J]. Engineering Geology, 1999, 54 (1): 173-183.

[107] RUTQVIST J, IJIRI Y, YAMAMOTO H. Implementation of the Barcelona Basic Model into TOUGH-FLAC for simulation of the geomechanical behavior of unsaturated soils[J]. Computers & Geosciences, 2011, 37 (6): 751-762.

[108] ABED A A, SOLOWSKI W T. A study on how to couple thermo-hydro-mechanical behavior of unsaturated soils: Physical equations, numerical implementation and examples[J]. Computers & Geotechnics, 2017, 92 (92C): 132-155.

[109] 孙即超, 王光谦, 董希斌. 膨胀土膨胀模型及其反演[J]. 岩土力学, 2007, 42 (3): 2055-2059.

[110] 缪协兴, 杨成永, 陈至达, 等. 膨胀岩体中的湿度应力场理论[J]. 岩土力学, 1993, 14 (4): 49-55.

[111] 白冰, 李小春. 湿度应力场理论的证明[J]. 岩土力学, 2007, 28 (1): 89-92.

[112] QI S, VANAPALLI S K. Influence of swelling behavior on the stability of an infinite unsaturated expansive soil slope[J]. Computers & Geosciences, 2016, 76: 154-169.

[113]　张连杰. 降雨入渗条件下膨胀土边坡稳定性分析[D]. 北京：中国地质大学，2016：70-96.

[114]　丁金华，陈仁朋，童军，等. 基于多场耦合数值分析的膨胀土边坡浅层膨胀变形破坏机制研究[J]. 岩土力学，2015，36（S1）：159-168.

[115]　童超. 模拟三场耦合的膨胀土边坡浅层坍滑数值分析[D]. 长沙：长沙理工大学，2018：17-29.

[116]　廖世文. 膨胀土与铁路工程[M]. 北京：中国铁道出版社，1984.

[117]　杨和平，曲永新，郑健龙. 宁明膨胀土研究的新进展[J]. 岩土工程学报，2005，27（9）：981-987.

[118]　曲永新，张永双，冯玉，等. 中国膨胀土粘土矿物组成的定量研究[J]. 工程地质学报，2002，10（S）：416-422.

[119]　中华人民共和国环境保护部. 中国环境状况公报：2012—2016[N].

[120]　XIAO Jie，YANG Heping，ZHANG Junhui，et al. Surficial failure of expansive soil cutting slope and its flexible support treatment technology[J]. Advances in Civil Engineering，2018，2018：1-13.

[121]　SIVAPULLAIAH P V，PRASAD B G，ALLAM M M. Effect of sulfuric acid on swelling behavior of an expansive soil[J]. Soil & Sediment Contamination An International Journal，2009，18（2）：121-135.

[122]　魏星，王刚. 干湿循环作用下击实膨胀土胀缩变形模拟[J]. 岩土工程学报，2014，36（8）：1423-1431.

[123]　卢再华，陈正汉，孙树国. 南阳膨胀土变形与强度特性的三轴试验研究[J]. 岩石力学与工程学报. 2002，21（5）：717-723.

[124]　STRZALKA D，GRABOWSKI F. Towards possible q-generalizations of the Malthus and Verhulst growth models[J]. Physica A：Statistical Mechanics and Its Applications，2008，387（11）：2511-2518.

[125]　欧孝夺，唐迎春，钟子文，等. 重塑膨胀岩土微变形条件下膨胀力试验研究[J]. 岩石力学与工程学报，2013，32（5）：1067-1072.

[126]　罗晓倩，孔令伟，鄢俊彪，等. 不同饱和度下膨胀土原位孔内剪切试验及强度响应特征[J]. 岩土力学，2024，45（1）：1-12.

[127] 汪贤恩，谭晓慧，辛志宇，等. 膨胀土收缩性质的试验研究[J]. 岩土工程学报，2015，37（S2）：107-114.

[128] 刘特洪. 工程建设中的膨胀土问题[M]. 北京：中国建筑工业出版社，1997.

[129] 王亮亮，丁志平. 不同湿度膨胀土无侧限抗压强度随冻融循环的演化规律[J]. 公路交通科技，2021，38（5）：18-22；30.

[130] 李晋鹏，汪磊，徐永福，等. 浅层膨胀土抗压和抗剪强度的特性试验及其关系[J]. 中南大学学报（自然科学版），2023，54（5）：1875-1884.

[131] 汪时机,杨振北,李贤,等. 干湿交替下膨胀土裂隙演化与强度衰减规律试验研究[J]. 农业工程学报，2021，37（5）：113-122.

[132] 李珍玉，欧阳森，肖宏彬，等. 植物根系生长形态对膨胀土边坡土体抗剪强度的影响[J]. 中南大学学报（自然科学版），2022，53（1）：181-189.

[133] 徐丹，唐朝生，冷挺，等. 干湿循环对非饱和膨胀土抗剪强度影响的试验研究[J]. 地学前缘，2018，25（1）：286-296.

[134] 杨和平，王兴正，肖杰. 干湿循环效应对南宁外环膨胀土抗剪强度的影响[J]. 岩土工程学报，2014，36（5）：949-954.

[135] 肖杰，杨和平，李晗峰，等. 低应力条件下不同密度的南宁膨胀土抗剪强度试验[J]. 中国公路学报，2013，26（6）：15-21.

[136] 刘斯宏，鲁洋，张勇敢，等. 袋装膨胀土组合体渗透特性大型模型试验[J]. 河海大学学报（自然科学版），2022，50（6）：101-107.

[137] 杨济铭，张红日，陈林，等. 基于数字图像相关技术的膨胀土边坡裂隙形态演化规律分析[J].中南大学学报（自然科学版），2022，53（1）：225-238.

[138] 高浩东，安然，孔令伟，等. 干燥失水条件下膨胀土的细观裂隙演化特征研究[J]. 岩土力学，2023，44（2）：442-450；460.

[139] 王文良，王晓谋，王家鼎. 膨胀土填方边坡裂隙发育规律试验[J]. 长安大学学报（自然科学版），2016，36（2）：17-25.

[140] 杨松，吴珺华. 基于湿变量的膨胀土初始裂隙模型及影响因素分析[J]. 土木工程学报，2016，29（4）：96-101.

[141] 陈善雄，戴张俊，陆定杰，等. 考虑裂隙分布及强度的膨胀土边坡稳定性分析[J]. 水利学报，2014，45（12）：1442-1449.

[142] TANG C S, CUI Y J, SHI B, et al. Desiccation and cracking behaviour of clay layer from slurry state under wetting-drying cycles[J]. Geoderma, 2011, 166（1）: 111-118.

[143] TANG C S, SHI B, LIU C, et al. Experimental characterization of shrinkage and desiccation cracking in thin clay layer[J]. Applied Clayence, 2011, 52（1）: 69-77.

[144] 唐朝生, 王德银, 施斌, 等. 土体干缩裂隙网络定量分析[J]. 岩土工程学报, 2013, 35（12）: 2298-2305.

[145] 刘华强, 殷宗泽. 裂缝对膨胀土抗剪强度指标影响的试验研究[J]. 岩土力学, 2010, 31（3）: 727-731.

[146] 武科, 赵闯, 张文, 等. 干湿循环作用下膨胀土表观胀缩变形特性[J]. 哈尔滨工业大学学报, 2016, 48（12）: 121-127.

[147] 许锡昌, 周伟, 陈善雄. 南阳重塑中膨胀土脱湿全过程裂隙开裂特征及影响因素分析[J]. 岩土力学, 2015, 36（9）: 2569-2575; 2584.

[148] 廖帅, 曹斌, 夏建新. 基于 IPP 图像软件的管流中粗颗粒运动信息提取方法研究[J]. 矿冶工程, 2017, 37（5）: 5-9.

[149] 徐世民, 吴志坚, 赵文琛, 等. 基于 Matlab 和 IPP 的黄土孔隙微观结构研究[J]. 地震工程学报, 2017, 39（1）: 80-87.

[150] 李喜安, 洪勃, 李林翠, 等. 黄土湿陷对渗透系数影响的试验研究[J]. 中国公路学报, 2017, 30（6）: 198-208; 222.

[151] 马晓宁. 陇南地区膨胀土微观结构与膨胀性研究[J]. 南水北调与水利科技, 2016, 14（3）: 111-114.

[152] LIN B, CERATO A B. Applications of SEM and ESEM in microstructural investigation of shale-weathered expansive soils along swelling-shrinkage cycles[J]. Engineering Geology, 2014, 177（Complete）: 66-74.

[153] SEDIGHI M, THOMAS H R. Micro porosity evolution in compacted swelling clays: A chemical approach[J]. Applied Clay Science, 2014, 101: 608-618.

[154] LANGROUDI A A, YASROBI S S. A micro-mechanical approach to swelling behavior of unsaturated expansive clays under controlled drainage conditions[J]. Applied Clay Science, 2009, 45（1/2）: 1-19.

[155]　史旦达，齐梦菊，许冰沁，等. 固化疏浚土宏-微观力学特性室内试验研究[J]. 长江科学院院报，2018，35（1）：117-122.

[156]　MANDELBROT B B. The fractal geometry of nature[M]. New York：W H Freeman and Company，1982.

[157]　高国瑞. 膨胀土的微结构和膨胀势[J]. 岩土工程学报，1984（2）：40-48.

[158]　牛岑岑，王清，谭春，等. 吹填土渗流固结过程微观结构的分形特征[J]. 西南交通大学学报，2012，47（1）：78-83.

[159]　GREGG S J，SING K S W. Adsorption, surface area and porosity[M]. 2nd ed. London：Academic Press，1982.

[160]　PINEDA J A，LIU X F，SLOAN S W. Effects of tube sampling in soft clay：a microstructural insight[J]. Geotechnique，2016，66（12）：969-983.

[161]　田慧会，韦昌富，魏厚振，等. 压实黏质砂土脱湿过程影响机制的核磁共振分析[J]. 岩土力学，2014（8）：2129-2136.

[162]　王卉，韦昌富，田慧会. 基于核磁共振技术的黏性土微观孔隙测试研究[J]. 土工基础，2017（2）：107-111.

[163]　PEREPUKHOV A M，KISHENKOV O V，GUDENKO S V，et al. Specific features of proton NMR relaxation of hydrocarbons and water in the pore space of silicates[J]. Russian Journal of Physical Chemistry B，2014，8（3）：284-292.

[164]　MOORE C A，DONALDSON C F. Quantifying soil micorstructure using fractals[J]. Geotechinque，1995，45（1）：105-116.

[165]　焦鹏飞，孙永福，刘晓瑜，等. 黄河水下三角洲海底粉土微观结构分形特征研究[J]. 海洋科学进展，2017，35（4）.

[166]　龚壁卫，C W W NG，包承纲，等. 膨胀土渠坡降雨入渗现场试验研究[J]. 长江科学院院报，2002，19（S）：94-97.

[167]　吴礼舟，黄润秋. 膨胀土开挖边坡吸力和饱和度的研究[J]. 岩土工程学报，2005，27（8）：970-973.

[168]　陈建斌，孔令伟，郭爱国，等. 降雨蒸发条件下膨胀土边坡的变形特征研究[J]. 土木工程学报，2007，40（11）：70-77.

[169] MERKEL B J，PLANER-FRIEDRICH B. 地下水地球化学模拟的原理及应用[M]. 朱义年，王焰新，译. 武汉：中国地质大学出版社，2005.

[170] 欧亚波. 加拿大 Thompson 镍矿矿山废水/尾砂作用环境地球化学模拟研究[D]. 成都：成都理工大学，2008.

[171] 周海燕，周训，姚锦梅. 广东从化温泉的水文地球化学模拟[J]. 现代地质，2007，21（4）：619-623.

[172] 潘根兴，滕永忠. 土壤-灰岩岩溶系统中水文地球化学动力学过程模拟及其意义[J]. 地球化学，2000，29（3）：272-276.

[173] 谢水波，陈泽昂，张晓健，等. 铀尾矿库区浅层地下水中 U（Ⅵ）迁移的模拟[J]. 原子能科学技术，2007，41（1）：58-64.

[174] HIEMSTRA T，BARNETT M O，VAN RIEMSDIJK W H. Interaction of silicic acid with goethite[J]. Journal of Colloid & Interface Science，2007，310（1）：8-17.

[175] 王永新. 水-岩相互作用机理及其对库岸边坡稳定性影响的研究[D]. 重庆：重庆大学，2006.

[176] 刘峰. 地球化学反应模型用于水-岩相互作用的研究[D]. 北京：中国地质大学，2010.

[177] 江强强，刘路路，焦玉勇，等. 干湿循环下滑带土强度特性与微观结构试验研究[J]. 岩土力学，2019，40（3）：1005-1012；1022.

[178] 刘松玉，季鹏，方磊. 击实膨胀土的循环膨胀特性研究[J]. 岩土工程学报，1999，21（1）：9-13.

[179] ROBERT W D. Swell-shrink behavior of compacted clay[J]. Journal of Geotechnical Engineering，1994，120（3）：618-623.

[180] AL-HOMOND A S，et al. Cyclic swelling behavior of clays[J]. Journal of Geotechnical Engineering，1995，121（7）：562-565.

[181] 何蕾. 矿物成分与水化学成分对粘性土抗剪强度的控制规律及其应用[D]. 北京：中国地质大学，2014：4-5.

[182] ANSON R，HAWKINS A. Movement of the soper's wood landslide on the Jurassic Fuller's Earth，Bath，England[J]. Bulletin of Engineering Geology & the Environment，2002，61（4）：325-345.

[183] 廖世文. 安康膨胀土若干特性研究[C]// 全国首届工程地质学术会议论文选集. 1979.

[184] 罗鸿禧, 周芳琴. 郧县胀缩土的矿物成分及微观结构的研究[J]. 工程勘察, 1981（5）: 37-40.

[185] 易念平, 吴恒. 水土作用的力学机理探讨[J]. 广西大学学报（自然科学版）, 2000（1）: 14-17.

[186] 吴恒, 张信贵. 水土作用与土体细观结构研究[J]. 岩石力学与工程学报, 2000, 19（2）: 199-204.

[187] JAMES K, MITCHELL. 岩土工程土性分析原理[M]. 高国瑞, 韩选江, 张新华, 译. 南京: 南京工学院出版社, 1988.

[188] 秦禄生, 郑健龙. 膨胀土路基边坡雨季失稳破坏机理的应力应变分析[J]. 中国公路学报, 2001, 14（1）: 25-30.

[189] 郑俊杰, 郭震山, 崔岚, 等. 考虑非饱和渗流与增湿膨胀下的膨胀土隧道稳定性分析[J]. 岩土力学, 2017, 38（11）: 3271-3277.

[190] 程斌. 考虑格栅反包的加筋膨胀土边坡稳定性数值模拟分析[D]. 长沙: 长沙理工大学, 2012, 28-58.

[191] VERMEER P A. Non-associated plasticity for soils, concrete and rock[J]. Heron, 1984, 29（3）: 163-196.

[192] Itasca Consulting Group Inc. Fast lagrangian analysis of continua in two dimensions, user's manual[M]. Minnesota: Itasca Consulting Group Inc, 2011.